歩き続ければ、大丈夫：
アフリカで25万人の生活を変えた
日本人起業家からの手紙

# 大步向前

改變25萬非洲人命運的
日本爺爺寫給你的一封信

作者 佐藤芳之

譯者 黃薇嬪

# 目錄

## 第四章 簡單生活



## 第五章 帶著「眞材實料」走下去

# 前言

## 「你，也辦得到。」

「佐藤先生能夠辦到的話，我應該也能夠做到。」

我最喜歡年輕人對我這麼說。

一聽到這句話，我都會鼓勵：「沒錯，你也辦得到。」

並非隨口胡謅，而是我回顧自己一路走來的歷程之後，由衷地這麼認為。

我的人生旅程，是從東北鄉下開始的。

第二次世界大戰期間，我在現在的宮城縣南三陸町度過少年時期。當時，整個日本都很貧窮，我為了幫父母分憂解勞，臉上掛著鼻水、拉著二輪拖車，去山裡撿柴，或是到附近的村莊討菜。國中時，舉家搬往東京。二十幾歲時，我遠赴非洲大陸，在迦納大學修畢課程之後，前往肯亞嘗試經營多種生意；三十五歲時成立的小小堅果工廠，後來成為世界五大生產夏威夷豆的工廠之一。這家堅果工廠後來擁有四千名員工，五萬戶簽約農家，農地面積擴大到七、八十個東京巨蛋那麼大。我在肯亞照料著二十五萬人的生活，原本沒有現金收入的民眾能夠有收入蓋房子或讓小孩上學，這二十五萬人的生活產生了莫大的變化。雖然我已不再經手肯亞堅果公司的事業，不過現在如果去位在肯亞首都奈洛比西北方四十公里處的錫卡市工廠走走的話，所有員工還是會喊我：「爸爸！爸爸！」（斯瓦希里語「父親」的意思），面帶笑容對我打招呼。

我年輕時也想像不到從東北鄉下開始的旅程會變成現在這樣。途中，我也曾經多次繞往其他地方，也面臨過無數失敗，儘管如此，我還是走到了這裡。假如我沒有踏出「第一步」，我想自己八成會一輩子過著後悔的生活。因此，我才會告訴年輕人：「你，也辦得到。」

各位現在是否正做著自己想做的事情呢？

是否覺得現在的生活與自己的目標有些不同？

你一定也有自己想做的事情。

雖然現在在公司裡做著不起眼且毫無變化的工作，卻也期待有機會能試試炙手可熱的工作，或者夢想轉行去做更有意義的工作，或是夢想去國外生活，或是夢想回鄉下老家開始做點什麼，或是夢想要自行創業，或是夢想要住在大房子裡。就算只是夢想著穿漂亮衣服、吃吃美食，也都可以。

各位心中或大或小一定有什麼「想做的事」。也就是你的夢想。

人生難得，卻讓夢想沉睡在心中，這樣說不過去吧。

這本書，是我對過去的自己所想說的話。

給蠢蠢欲動、想要有一番作為，卻不知道該如何進行、從何著手的那個時候的自己。給總算踏出一步，卻做什麼都不順遂，浪費力氣的自己。給有時會焦慮的自己。

如果你在日本公司工作，深深認為：「這真的是我想做的事嗎？」如果你多年來始終想著「總有一天我會做」卻遲遲沒有踏出第一步。如果你儘管有勇氣嘗試，卻沒錢、沒人脈，處處碰壁。

一看到與自己的「夢想」搏鬥的年輕人，不管是尚未點燃的夢想、終於燃起小火花的夢想，或是熊熊燃燒的夢想，都讓我想起過去的自己。

我想對這樣的年輕人說：「夢想慢慢追就好。」

說實話，我不喜歡「夢想」這個字眼，因為這個詞給人虛無的印象，難以聯想到「今日的行動」。我在書裡提到的「夢想」，是指有「想要變成這樣」、「想要這樣做」等具體目標或終點的東西。我希望各位如果要追尋的話，也應該追尋這樣的「夢想」。

持續懷抱熱情不滅，

就是實現夢想的祕訣。

現在的我十分明白這一點。

可是我在二、三十歲時不懂，或許四十幾歲時也沒領悟，不過到了七十五歲的現在，我已經可以跟你打包票，就是這樣準沒錯！

人生遠比各位想像中還長。

古人說「人生有五十年」，不過現在這時代若說「人生有一百年」，也不見得有錯。對於多數人來說，「未來即將面對的人生」顯然比「過去已經活過的人生」更長。時間還很多，而且人生充滿意想不到的可能，此刻或許也有你無法想像的旅程正等著你。既然如此，有想做的事卻不去行動，未免太可惜。

## 擁有燃燒的熱情，不如擁有不滅的熱情

我總是保有十幾歲青少年的心態過日子，因此不太留意自己的年紀，我今年（二〇一四年）已經七十五歲了。假設「人生有一百年」的話，我還有二十五年可活。這麼想來，現在才要開始做些什麼的話，也來不及了。

然而我現在卻在盧安達種植堅果樹苗。

七十三歲那年，我把經營了三十四年的肯亞堅果公司轉讓給肯亞人，前往盧安達成立新的堅果公司。

提到盧安達，一般人大約想到的是當地在一九九四年發生內戰時，有至少八十萬人在一百天之間遭到屠殺的事。

這件事發生在遙遠的非洲大陸上，因此即使在電視新聞上看過盧安達內戰的情況，或許已印象矇矓。內戰爆發起因於在此之前的數百年來，生活在同一片土地上的圖西族（Tutsis）與胡圖族（Hutu），在殖民統治結束之後，遭到煽動而對立，演變成種族滅絕事件，原本站在統治立場的圖西族，被激進派的胡圖族殘忍屠殺。

內戰結束至今（二〇一四年）已經二十年，我離開經商多年的肯亞來到盧安

達，仍覺得整個國家充滿哀戚的氣氛。

在這樣的氛圍下，我來到從盧安達首都基加利（Kigali）開車約兩個小時、位在秋訶哈湖（lac Cyohoha）畔的農園，努力種植高度約到膝蓋的夏威夷豆樹苗。一切是從二〇一二年一位名叫貝拉賀．伊古拉斯的人，在基加利的路上叫住我開始。

貝拉賀從巴黎大學畢業後，取得法國市民身份，在巴黎的國際機構工作。後來為了拯救祖國脫離悲慘內戰，於是辭職返國參戰。

有過這些經歷的他，主動對我說：「我想參與盧安達的重建。」、「我想利用堅果事業提振盧安達的經濟。」他希望我能夠在盧安達發揮在肯亞經營堅果事業多年的經驗。

將苗床培育的幼苗移植到土地裡，直到能夠採收堅果果實為止，至少必須耗費七年時間。等到堅果結果時，我應該已經超過八十歲了，不曉得能否活著看到湖畔長滿一整片堅果樹林。

儘管如此，我的心中沒有遲疑。

我打算今後也將繼續在盧安達種植小樹苗。即使我沒能夠活著看到最後成果，一起工作的夥伴們仍會持續下去。我相信我的目標終究會成形。

各位讀完這段內容之後，有什麼感想？

是否覺得這不過是一個「怪老頭」的胡言亂語呢？

是否會覺得這個選擇在非洲創業的人本來就很奇怪，覺得事不關己、無法當做參考呢？

在你們之中，或許有些人就是這麼想，並且想要闔上這本書。

可是，過去的我也與各位一樣，曾經是「煩惱的年輕人」；而且我沒有特殊的才能，更不比別人有毅力、有耐力。年輕時，儘管我曾多方嘗試，卻一事無成，父母親甚至認為我「太過散漫」。

儘管如此，如同我前面提到，我從東北鄉下出發，開啟了自己意想不到的旅程。我花了不少時間，做法也不高明，不過我的確實現了年輕時懷抱的「夢想」。

## 也慢，也快

二〇一二年，在我的前一本著作《OUT OF AFRICA非洲奇蹟》（朝日新聞出版）出版之後，我收到大學生「希望去非洲當實習生」的請求。其中符合條件的人，我讓他們在我位於肯亞、盧安達的公司實習。

有過實習經驗的學生，紛紛獲得知名優良企業的內定聘用。當時我對他們說：「慢慢工作，多學一點。」、「工作五年之後，再重新評估自己與工作。」

不用急。

慢慢追就好。

很少有人在二十幾歲的時候，就懂得認真選擇。

趁著年輕時待在公司裡多方嘗試也不錯。過程中你應該會逐漸找到答案。如果中途感覺「這裡不是我想待的地方」也無所謂，無須勉強自己。我認為能夠隨意選擇「下一間公司」並且起而行，比起其實在這間公司待不下去卻不願承認，勉強為之更好。

我認為人要過了三十歲才會隱約找到自己想做的事。在剛畢業、就業的時候，你還不了解自己。開始了解自己想做什麼、能做什麼之後，才會逐漸看見人生中想要實現的夢想與目標。

所以到了這個時候才會做出真正的選擇。

花時間慢慢培養選擇能力即可。

如果身體健康的話，從二十歲開始工作，至少也能夠工作五十年。我現在也仍在種樹苗。是的，所以各位的時間依然充裕。

我過去過著與多數日本人有些不同的生活。而且從各位的眼裡看來，或許會覺得一個住在非洲經商的日本人「並非凡人」。可是，對我來說，「我只是碰巧住在非洲罷了」，我不覺得有什麼特別之處。只是因為我覺得「非洲是個好地方」、很喜歡那兒，並且在那兒找到了追求的目標，因此才有今天。

花時間投入於自己想做的事情是一種快樂，正好可用「順心如意」這句話形容。有時或許少不了熊熊燃燒的熱情，但是內心藏著相對微小卻持續燃燒火花的熱情，得以長遠走下去也很重要。我認為「不滅的熱情」才能夠為過去那些歲月帶來成就感。

說到底，我透過這本書想要告訴各位的，或許是「也有這種生活方式」、「你也可以選擇這樣過活」。我相信我的生活方式能夠供各位當作參考。

二〇一四年三月　肯亞首都奈洛比

佐藤芳之

# 從東北鄉下開啟的旅程

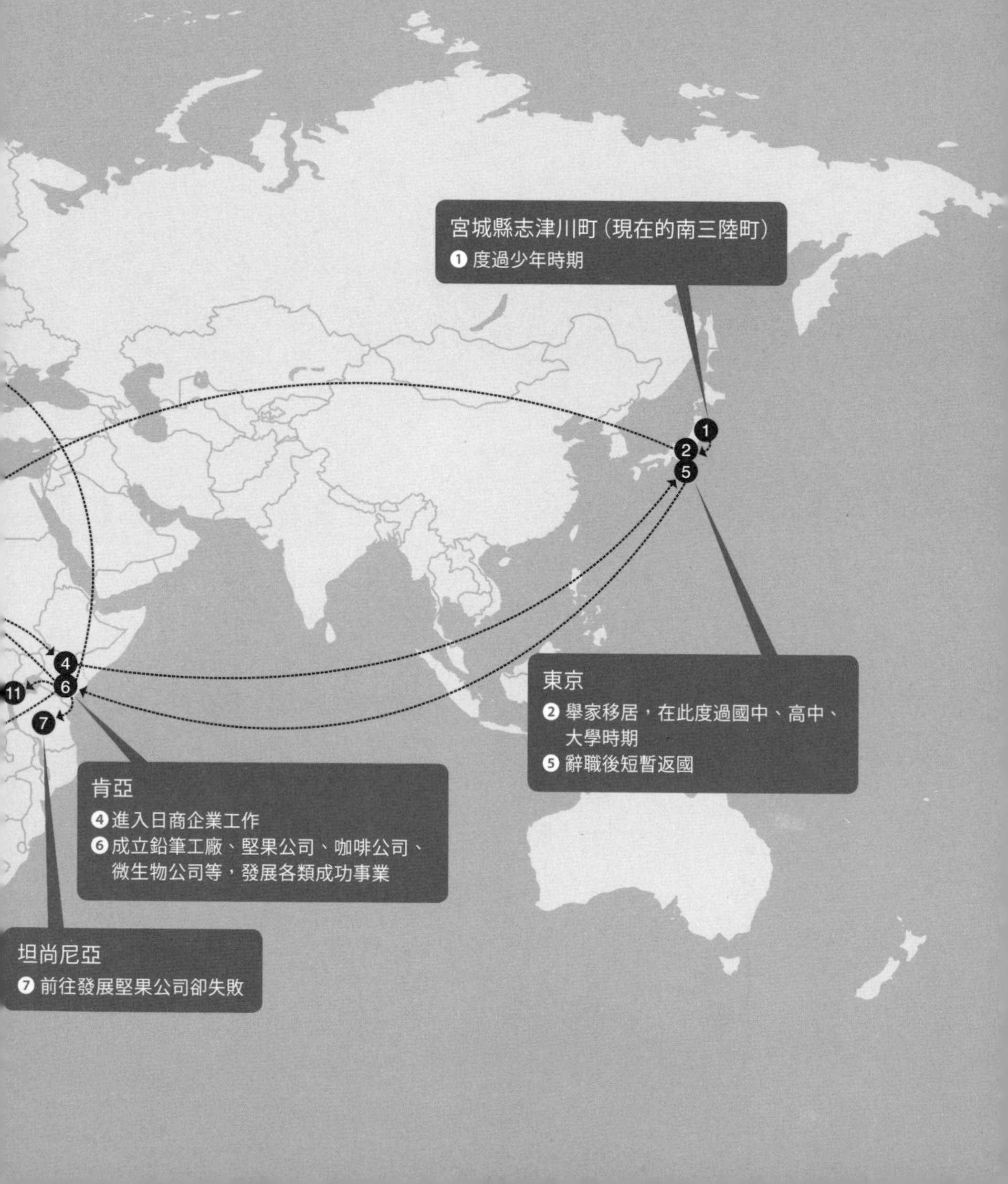

宮城縣志津川町（現在的南三陸町）
❶ 度過少年時期
東京
❷ 舉家移居，在此度過國中、高中、大學時期
❺ 辭職後短暫返國
肯亞
❹ 進入日商企業工作
❻ 成立鉛筆工廠、堅果公司、咖啡公司、微生物公司等，發展各類成功事業
坦尚尼亞
❼ 前往發展堅果公司卻失敗
1
2
5
4
6
11
7

德國
❾ 前往發展堅果公司卻失敗
加州
❿ 與長女開始發展堅果事業
10
巴西
❽ 前往發展堅果公司卻失敗
3
迦納
❸ 留學迦納大學
8
盧安達
⓫ 開始微生物事業、堅果事業

# 我過去的成就

一九五八年（十九歲） 就讀東京外國語大學印度暨巴基斯坦語系。

一九六三年（二十三歲） 留學迦納大學附屬非洲研究所。

一九六六年（二十六歲） 進入肯亞東麗紡織公司（Kenya Toray Mills Ltd.）工作。

一九六八年（二十八歲） 與妻子武子結婚。

一九六九年（二十九歲） 長女芳子出生。

一九七一年（三十一歲） 五年的合約到期後沒有續約，離開肯亞東麗紡織公司。與妻子返回日本，在老家生活十個月，每天構思創業。

一九七二年（三十二歲） 獨自前往肯亞，挑戰鉛筆製造、園藝作物出口、鋸木廠、二輪拖車製造與銷售（沒能實現）、鐵工廠（沒能實現）等各種事業。次女良子出生。

一九七四年（三十五歲） 成立肯亞堅果公司（Kenya Nut Company Ltd.）。

一九八〇年（四十一歲） 在肯亞成立葡萄酒製造廠。

一九八五年（四十六歲）在東京成立堅果進口、銷售公司。

一九八八年（四十九歲）向坦尚尼亞政府租借農場，計畫前往發展事業卻失敗。

一九八九年（五十歲）成立自創堅果品牌「OUT OF AFRICA」。

一九九六年（五十七歲）在巴西購買農場與工廠，計畫前往發展事業卻失敗。

一九九八年（五十九歲）在德國成立堅果加工廠也失敗。

二〇〇五年（六十六歲）成立開發、製造、販售微生物材料的肯亞有機方案公司（Organic Solutions Kanya）。與長女芳子在美國加州設立堅果加工公司。

二〇〇八年（六十九歲）成立盧安達有機方案公司（Organic Solutions Rwanda）。

二〇〇九年（七十歲）成立日本有機方案公司（Organic Solutions Japan）。

二〇一二年（七十三歲）成立盧安達堅果公司（Rwanda Nut Company Ltd.）。

序章

# 從「想要闖出一番成就」起步

# 「現在尚未成為夢想中的自己」也不打緊

英文有句話說：「Be somebody, not nobody.」。

意思就是：「要成為有一番成就的人物。」不被埋沒於芸芸眾生之中，儘管渺小卻能夠使其他人認為「那傢伙是個人物」而另眼相看。

每個人都在努力「成為大人物」。

我相信只要活在世上，沒有人會認為「我當個無名小卒就好」。多數人即使羞於把這話堂堂掛在嘴上，心裡某處也會想著「總有一天我要成為大人物」、「我現在還不是夢想中的自己」。心中如果有這種感覺的話，務必好好珍惜，別撇頭忽略，因為對你來說，那將是今後最主要的能量來源，也是最大的原動力。

我在二、三十歲時也曾經躍躍欲試，想要有一番作為。

可是，那個「一番作為」究竟是什麼，我完全不清楚。

三十一歲時，「我想成為大人物」，於是離開簽過五年合約的肯亞日商企業，返回日本。接下來的十個月，我在老家過著所謂「遊手好閒」的生活，後來覺得「不能再這樣下去」，於是把妻子和女兒留在日本，帶著僅有的十五萬日圓（約合新台幣五萬元）資金與一台小打字機，獨自回到非洲大陸。當時我三十二歲。

接下來我每天待在肯亞錫卡市的廉價旅館裡寫企劃書。我面對著打字機，想到什麼創業計畫就打下來。

一開始，我想到的是製造二輪拖車。我想起自己曾經在東京有樂町協助老人家拉二輪拖車，心想：「那個或許有賺頭。」我也想過運輸業似乎不錯；養豬生產火腿與香腸也很有意思；從事與父親相同的鍛造或鑄造工作也很好。我也想開個成衣店。

我已經不記得細節了，不過我就是像這樣寫出數也數不清的企劃書。即使像現在這樣一一列出來，也看不出這些企劃書的一致性。

如何？聽到這裡，你是否也感覺：「我可以做得更好。」

每個人剛開始都一樣。

沒有人能夠武斷地說：「我想做的是這個！」比較常聽到的反而是：「只要能夠成為大人物，要我做什麼都可以。」

各位又是如何呢？

你是否不改初衷，持續追求同樣的目標直到現在？又或是一路上不斷改變「想做的事」、「想成為的目標」？比方說，你大學時曾經想當設計師。現在雖然是一介平凡上班族，總有一天仍想開屬於自己的咖啡店，不過轉念一想，存一筆錢去國外當志工似乎也不錯。你是否也曾經像這樣有過許多目標呢？

大多數人年輕時一定都是後者吧。

你是否討厭無所事事？

你是否也覺得筆直朝向單一目標邁進比較帥氣？

年輕時，就是要「三心兩意」外加「散漫」。

所謂的人生，是由亮晶晶的碎片所組成。

二、三十歲是撿拾碎片的時期。年輕時，只要依從自己身上的天線來反應即可。在撿拾每塊碎片的過程中，璀璨的光芒就會逐漸具體成形。

根據我自身的經驗來說的話，過去原本四分五裂的碎片，到了五十歲之後才會整合成一顆圓球，開始發光。就是這種感覺。二、三十歲時或許就是要漫無目的散漫過活。

我現在才敢說，我當時甚至曾想過要當演員或歌手。

現在，只要抱著「想要做點什麼」的念頭就夠了。

產生這念頭的契機，是肯亞錫卡市當地所屬的英式橄欖球隊演出的舞台劇。內容描述緬甸戰役（譯註：一九四二至一九四五年，日軍入侵並佔領緬甸的戰役，屬於第二次世界大戰的一部份）。當時有人說：「日軍的角色就給佐藤演吧。」我的演出獲得好評；接著受邀在市立劇場的表演，也得到良好的評價。報上寫道：「那個日本人的演技不錯。」大家說：「需要東方人角色時，找佐藤準沒錯。」於是「你要不要來當演員」的邀約陸續找上我。可是我不喜歡「以東方人角色當做賣點」，因此放棄了在這條路上成為「大人物」的念頭。

如果真心想要成為「大人物」的話，做什麼都可以吧。

要以什麼形式成為「大人物」呢？

要對什麼傾注熱情而活呢？

想找到這些答案不容易，有時也是運氣，但是不應該勉強自己找藉口繼續做著無法傾注熱情、無論如何也無法喜歡上的事，這樣一來非但無法成長，也會毀了自己。我就是順著自身天線的反應，以相當散漫的態度撿拾碎片，並且在過程中逐漸找到自己最終想要追求的目標。

你現在只要隱約有「我想成為大人物」的欲望即可。

順著自己的天線反應，收集亮晶晶的碎片即可。
這麼一來，你最終將會找到「想要追求的目標」。
無須從年輕時就把力量用在奇怪的地方，對單一目標死心塌地。有些人像日本花式溜冰國手淺田真央小姐、將棋棋士羽生善治先生這樣，十幾歲起就專心致志在一條路上全力奔馳；可是擁有這類才能的人是例外中的例外，世界上百分之九十九的人，剛開始都不曉得自己想要做什麼，等到出了社會、經歷過無數失敗、年過三十之後，才會開始隱約看見目標。
我的妻子武子到現在仍會對我說：「你什麼時候才會成為大人物呢？我不想當無名小卒的老婆啊。你現在才剛走到『成為大人物』的入口而已。」
你或許不懂「我現在是大人物了」的感覺是什麼。無論你幾歲，想著「我還是個無名小卒」之時，別忘了懷抱「我總有一天也會成為大人物」的想法往前走，等到有一天，其他人對你說「你很成功呢」的時候，你就會明白身為「大人物」的感覺。

# 別讓夢想過度膨脹

以前曾經有一位日本青年找我商量創業的事。

他打算利用學生時旅行世界各國學到的「終極咖哩」烹調技術，在肯亞首都奈洛比開一家「世界第一的咖哩麵包店」。他的英語不太好，也不曾經商，跟奈洛比也沒有什麼淵源，卻想在那兒開一家咖哩麵包店。即使他滿懷熱誠向一百個人推銷他的創業計畫，恐怕這一百個人都會認為不可行。

儘管如此，我卻沒有阻止他。

雖然我也疑惑為什麼是咖哩麵包？為什麼是奈洛比？我卻沒有提出我的疑問，只是鼓勵說：「我會提供支援，你就試試吧。」

就這樣，他成為第一位在奈洛比開店賣咖哩麵包與咖哩飯的日本人。可惜最後因為營業額不夠支付房租，開業一年之後就歇業了。簡而言之，就是失敗了。

可是，大約歇業的一年之後，我與他重逢，當時我感覺他的挑戰其實成功了。

「佐藤先生！」他在杜拜機場大喊我的名字跑向我，神色顯得輕鬆愉快，充滿想做的事情已做完、破繭而出的開朗。看到這樣的他，我心想：「開那家店果然是正確決定。」

原來他關了咖哩麵包店之後，返回日本，進入商社工作。我們重逢當時，他正好陪公司社長一起到歐洲出差，正要回國。

除了咖哩麵包青年之外，還有幾位年輕人也曾經帶著他們的創業計畫來找我，說：「我想在非洲創業。」當中絕大多數人才二十幾歲、不到三十五歲，不僅沒有商業基礎，語言能力也參差不齊，而且事業計畫書上連一個數字都沒有。儘管如此，他們仍然充滿熱誠。我能夠確實感受到他們想要做、想做得不得了的氣魄。

因此，我沒有阻止他們。

只是鼓勵說：「你辦得到。」

日本松下電器（PANASONIC）最有名的逸事，就是創業者松下幸之助總會告訴帶著新點子來找他的員工說：「試試看才會知道。」我給年輕人的建議也是「試試看才會知道」。即使早知道會失敗，做過總比沒試過好。我自身的經驗也是這樣告訴我。

一般人常說：「與其不做而後悔，不如做了再後悔。」事實上「做了再後悔」的情況並不存在。各位不也是如此嗎？請回想看看自己是否曾經獨排眾議、不顧父母與朋友的反對去做一件事？或是儘管別人說成功的機率只有百分之五十，你還是無論如何都想做？

我相信那個過程恐怕不順利，可是你當時真的後悔了嗎？

我想你一定不覺得後悔，甚至與咖哩麵包青年一樣，儘管經歷過許多，還是覺得「幸好我當時做了」。

哪一種商業模式會成功？

設定什麼樣的目標，才有實現的可能？

其中一個判斷標準是「站在做的人的立場來看，成功機率百分之百，而站在客觀立場來看百分之五十」的時候，只要能達到這個標準就可以放手去做。可是，即使「站在做的人的立場來看，成功機率百分之百，站在客觀立場來看只有百分之十」，如果當事人無論如何都想做的話，最好就去做。

屢屢碰壁之後，你或許會看得更清楚。或許這種人必須經歷旁人看來很蠢的無數失敗之後，才能夠找到一輩子追求的目標。

一般人常說：
「與其不做而後悔，不如做了再後悔。」
事實上「做了再後悔」的情況並不存在。

既然這樣，除了去做之外，別無他法。

但是，唯有一點我希望各位必須記住。

那就是：別過度膨脹夢想。

追求「實現的可能性為零」的夢想只是浪費人生。

比方說，一般人假使訂定「把相撲力士橫綱白鵬摔出去」或「打高爾夫球贏過老虎伍茲」為目標，也幾乎沒有實現的可能（譯註：「橫綱」為相撲力士的最高等級）。

如果你問小朋友：「你將來想要做什麼？」他們多半會說「我想當超人力霸王」、「我想當超人或蜘蛛人」、「我想飛上天」等荒誕無稽的夢想吧。欸，小孩子的工作就是做夢，所以無所謂。即使懷抱不可能實現的夢想也沒關係。

可是，長大後，先不說其他人，自己應該要追求「百分之百可行」的夢想。「百分之百」如果少了眾人的認同當做依據也無所謂，誠實問問自己內心是否覺得「可行」，這就是「百分之百」的判斷標準。

學校老師或家長經常對孩子說：「你擁有無限可能。」但是，那只是謊言，沒有什麼「無限可能」這種東西。人生充滿著許多意想不到的可能，但絕非無限。記住這一點就是生存的祕訣。

挑戰「百分之百可行」的事情，即使最後失敗收場，也一定能夠得到豐碩的成果。因為從經驗中學到的東西，是絕對不會失去的寶物。

## 毫無根據的自信最好

實現夢想，需要毫無根據的自信。

因為，夢想很難實現。

沒錢，沒人脈，無法集客，做什麼都失敗。如果挑戰大目標，一定會面臨一段「陣痛期」。這種時候，想要讓快要消失的熱情之火持續燃燒，你一定少不了「自信」這個燃料。

「沒有結果，哪來的自信？」

「有了結果，才會有自信吧？」

各位似乎會這樣反駁我。但是在沒有結果的時候，更需要有自信，藉此鼓舞自己。因此，你必須有的不是「如果〇〇的話，我就會有自信」，而是單純的「有自信」，這種毫無根據的自信最好。即使考試零分，即使毫無勝算，對於自己的存在有自信，就能夠產生「我沒事」的想法。對自己擁有無可動搖的肯定，就是毫無根據的自信。

各位的身邊是否也有這種有著「毫無根據的自信」的人呢？不會唸書也沒有女朋友，儘管遲遲沒有找到工作，卻泰然自若，面對任何事情都採取勇於面對的態度。事實上這種人就是最有機會實現夢想的類型。

我自己在三十一歲失業，直到三十五歲成立的肯亞堅果公司步上軌道之前的這段時期，我發現「毫無根據的自信」很重要。當時，我無論做什麼都不順利。

那是三十五歲之前。

我已經有妻小，也年過三十，是一位堂堂的成年人了。現在的時代講到三十歲，或許會認為還不夠成熟獨立，不過在一九七〇年代當時的風氣，男人到了三十歲已經是一家之主，而且理所當然應該養家。

然而，我在三十一歲時，卻沒有工作。

結束與肯亞日商企業的合約之後，我們一家三口先回到父母親生活的東京。我待在自己的老家，妻子帶著長女回娘家。當時妻子已經懷有次女。話雖如此，年過三十的男人成天待在老家無所事事，實在難看。因此，我搭上電車來到有樂町，卻沒有目的地。看看四周，我看到穿著筆挺西裝的人群紛紛走進大樓裡。

「真羨慕他們有地方可以去。」

我只好在日比谷公園打發時間，等著小鋼珠店開門營業。天還沒黑就回家會惹人閒話，所以我不停地打小鋼珠，直到傍晚下班的尖峰時間到來。我心想：「不能再這樣下去了。」於是返回肯亞，卻仍舊沒有什麼具體的行動。

即使我寫了許多新創事業的企劃書，也無法具體成形；我說出自己的事業計畫，就被一旁的印度商業人士抄襲模仿。鑄造工廠、果醬工廠、肥皂工廠等，許多計畫一一化為泡影。上班族時期的存款也只是不斷減少而已。家父早在一九七一年辭世，因此母親一個人也養不起我。

那段時期，我甚至擔心到胃痛了，朋友還說：「你的面相變了呢」、「你的表情變得很可怕」云云。「明天再想就好」的想法持續了一、兩年之後，變成「明天再愈痛苦的時候，愈是處於低潮的時候，愈需要活得開朗。
「毫無根據的自信」就是在這種情況下發揮力量。

想會很糟糕」。我也曾經走到這種地步。

可是，如果我在此時露出擔憂的表情，不會有任何起色。

我決定即使沒有任何進展、沒有錢，臉上還是要保持活力。

我決定了。

即使只是假裝有精神，只要持續一個禮拜，也會真的變得有精神。

我打高爾夫球、打英式橄欖球，只要聽說哪兒有派對，我就會跑去大吃一頓。我以這種方式支撐自己。就在我做著這些事情的時候，堅果工廠的企劃書終於獲選為肯亞政府的計畫，也出現願意投資的人，一切突然開始動了起來。

愈痛苦的時候，愈是處於谷底的時候，愈需要活得開朗。

「毫無根據的自信」會在這種情況下發揮力量。

無法找到任何出路時，記得在心裡某處想著：「我當然能夠辦到」、「我很行的」。這也是人生的智慧。如果準備實現很大的夢想，一定會碰壁。反之，我們也不是一輩子都會待在「谷底」。

我在「陣痛期」學到的智慧還有一個。

就是，「不安就像香料」。

你或許認為最好不要感覺不安、沒有不安的狀態才是幸福。事實上生活如果少了不安就太無聊了。缺少香料的菜，或許無論小孩子或老年人，人人都能吃，可是味道單調又無趣，很快就會吃膩。夢想也和做菜一樣，正因為撒上了「不安」這個香料，才變得有趣，你才能夠體驗「盡全力享受唯有自己才能夠品味的人生」。

## 很少有人一開始就全心投入

各位是否每天都全心投入於工作呢？

二十幾歲的你八成才剛從學校畢業、剛進入人生第一家公司吧？三十幾歲的你或許有些已經換到第二家或第三家公司。當中有些人或許從事美容師或設計師等專業工作，也或許有些人沒有去外面工作，而是繼承家業，或辭掉上班族工作自行創業。

每個人的立場各有不同，不過，現在的你是否「全心投入」呢？

我擔心會被罵所以不敢大聲說，不過很少有人一開始就是全心投入。各位看看自己的四周，應該也會看到不少工作缺乏幹勁或表情有些心不在焉的人。簡言之，這些人尚未全心投入。

但是，每個人總會遇上願意全心投入的時候。

你認為什麼事情可以讓人全心投入呢？

就是「ownership」。

英文的「ownership」以日文來說，大概就是「當做自己的事」。如果你現在覺得自己正在做的事情是「別人的事」，就不會全心投入；工作上，你只會想著如何蹺班、如何偷走公司的庫存或現金。這樣子當然不會學到必要的技能。當你的觀念中沒有把工作當成是「自己的事」，不管多辛苦、多努力，也不會有任何累積。

我自己在三十五歲之前，也是個「不會全心投入的人」。我在肯亞的日商紡織企業工作那段時期，參與當地的英式橄欖球俱樂部、成立足球社、企劃運動會，對工作以外的事情十分熱衷，以一個領薪水的上班族來說，我是隨時被開除也不奇怪的「糟糕員工」、「問題員工」。

一進公司，我被分發到染色部門。

我每次都弄錯染料的份量，因此無法染出正確的顏色。「那麼，讓你算數學吧。」於是這次把我調到了會計部，我卻連簡單的加法都會算錯。也不會用算盤。叫我重新算過，十次裡有十次還是算錯。

「佐藤，我受夠你了。」在上司的命令下，接下來我被調到設計部。我沒有設計素養，當然待不下去，於是被調去顧倉庫，沒想到我還是因為加法太糟糕，商品放不進規定的架子上，成了公司的冗員。真的是要我做什麼都做不好。

因為我當時還沒有養成「當做自己的事」的心態，只覺得眼前的工作都與我無關。我只記得公司營運上不可或缺的「錢」、「商品」與「會計憑証」等流程，除此之外的東西都沒有學到。

然而，從我成立第一家公司開始，我變了。

以堅果公司為例，從堅果的種類、栽種方式到烘焙方式，所有與工作相關的知識及技術，皆以驚人的速度陸續進入我的腦袋，就像海綿吸水一樣。很難相信我在上班族時期，通常簡報一結束，我就會把去客戶那兒做簡報前整理的內容立

若把工作「當做自己的事」，
做起來就會愉快得不得了。

刻忘記，一點兒也不留。

聽到我這麼說，各位心中或許會失望地認為：「難道不自行創業就不會有『當做自己的事』的觀念嗎？」可是，有沒有所謂「當做自己的事」的觀念並非取決於立場，問題出在一個人的態度。以我來說，「創業」讓我產生「當做自己的事」的觀念只是偶然。反之，即使是公司經營者，如果這個人只是單純持有公司，也不見得會把公司「當做自己的事」看待；或者有些人儘管是支薪階級，卻是以「當做自己的事」的觀念做好專業工作。

一個人面對工作時有沒有「當做自己的事」，看「臉」就知道。十分單純地、帶著愉悅表情工作的人，就是「當做自己的事」。另一方面，工作時一臉無趣、痛苦的人，就是沒有「當做自己的事」。所謂「當做自己的事」本來就會很快樂。

我身為經營者，每天都花心思在讓每個與事業有關的人，以開朗的表情把工作「當做自己的事」。

以堅果公司為例，我讓生產農家成為堅果樹的擁有者，以一株約兩百日圓（約新台幣七十元）賣給他們經過品種改良、可結出優質果實的樹苗，讓他們種植在自己的田裡。在這樣的機制下，農家會用心種田、施肥、生產出許多又大又美味的果實；賣掉果實得到的錢，全歸農家所有。

有了這套機制，對於契作農民來說，與堅果相關的一切都成為他們「自己的事」，因此他們願意努力工作。無須我仔細叮嚀，只要讓他們養成「當做自己的事」的觀念，他們就會自己動腦發揮巧思。這種形式也獲得許多肯亞堅果農民採納，於是堅果公司日益茁壯。

我採取這套機制是根據我在迦納留學的經驗。當時發生了一件令我印象深刻的事情。

事情發生在專精農業經濟的波利．希爾教授帶我們參觀可可園的時候。當時，咖啡、紅茶仍與殖民地時期相同，普遍由歐美人擁有的大規模莊園進行生產，不過可可則是產自於小型農家。可可樹的所有權在每位農民手中，他們負責栽種並採收果實，賣掉果實得到的錢，自然全是農民所有。

這類型的農業在當時的西非還相當少見。

在可可莊園工作的每個人表情朝氣蓬勃，與被強行帶離部落、遭到毆打、像個奴隸一樣工作的紅茶莊園或咖啡莊園農民，截然不同。

「有了『當做自己的事』的觀念之後，人的表情就會變得如此開朗明亮。」

人要樂在工作時，才會把工作做好。

這一點無論是在肯亞或盧安達等非洲地區種植堅果樹，或是在東京的辦公大樓裡打電腦都一樣；有些人即使在舊建築改建、經常停電的工廠裡工作，仍然每天從一早開始就是一百分的笑容；也有些人在冷暖氣設備完善的明亮辦公室裡、穿著筆挺西裝工作，臉上卻是寫滿著無趣。

假如在各位當中，有人覺得「我或許還沒有全心投入」的話，請鼓起勇氣照照鏡子，看看自己在工作時的表情。「臉」是檢測一個人「全心投入程度」最簡單易懂的標準。因為「全心投入」等於「快樂」。

## 不要拚「命」去做，要忘我投入去做

人只要活著，總會遇上為某件事全力以赴的時候。

但是，每個人遇上的時間點不盡相同；有些人在二十幾歲時遇到，有些人則是三、四十歲。不管是哪一種情況，遇上時別拚命掙扎，應該要忘我投入。

對我來說，我的全力以赴期是三十五歲到四十五歲這段時期，也正好是我思考著要在十年之內將三十五歲成立的肯亞堅果公司具體成形的時候。

我絕對沒有拿命去拚。

而是忘我投入。

我當時沒錢也沒人脈，一切的一切幾乎都是我和少數幾個夥伴親力親為。那段時期在生理上與物質上都相當艱困難熬，不過因為忘我投入，所以我每天都很快樂。

早上六點起床，開車送女兒們去上學，工作一個小時之後，再開著二手車前往肯亞各地，有時一天甚至得開兩百公里遠。我的左眼在小時候被棒球打到而失明之後，始終只有一隻眼睛的視力，因此開車相當吃力。儘管如此，我因為沒有多餘的錢可以僱請司機，只得自己開車走在凹凸不平的山路上。

白天拜訪各地的農家，晚上在彈簧壞掉、鋪著單薄床單的床上睡覺。那是背包客專用的廉價旅社，當然沒有沖澡的地方。這兒的自來水與蚊帳，有跟沒有差不多；沒有電燈，大致上是用蠟燭；牆上爬滿藤蔓，門窗縫隙可能爬進蛇或蟑螂。

不過我絲毫不以為意。

即使車子的水箱在山裡故障，前不著村、後不著店，或是半夜裡蚊子在頭上飛來飛去，不管做什麼事情我都很快樂；即使遇上困難，我也會雀躍跨越。

「忘我投入」就有這種開朗。

另一方面，「拚命」聽起來很黑暗。因為「拚命」有個「命」字，感覺在生理上、精神上都必須努力付出所有「生命」，這樣才叫做拚命。雙眼充血、咬牙切齒「拚命做」的姿態，感覺有些悲壯。或許當事人也很痛苦，在旁觀者看來更覺得難受。

各位是否也有過同樣經驗呢？

比起拚命去做，忘我投入的時候，反而能夠成就更大的成果；愉快進行的話，不知不覺就會做得很輕鬆。你是否也有過同樣情況？

舉例來說，你樂於持續帶給顧客歡樂，結果「莫名其妙成功了」，比起你在意同事的成績或其他公司的營業額、認為「不能輸」而板著臉工作，更能夠得到好結果。

努力原本的意思就是要開心做。然後，在開心努力進行的同時，人會逐漸成長。各位也是如此。既然都要做，請務必採取這種方式努力試試。你一定會驚訝自己居然能夠完成許多目標。

然後，忘我投入還有另一個優點。

就是不會胡思亂想。

沒有胡思亂想就不會有煩惱，不會有後悔。今天一整天也工作到累癱的滿足感，會促使你不去胡思亂想，簡直到了忘我境界；晚上一躺到床上，兩秒鐘就睡著，甚至來不及思考：「呃，今天應該反省的是……」

政治家、經營者之中也有人高喊：「我將會拚命去做」、「我將會賭命去做」、「這是我最後挑戰」云云。我不禁想問：「那麼，事情結束之後，你就會死掉嗎？」

在一項挑戰之後還有下一項挑戰。每次每次都拚「命」去做的話，有幾條命也不夠用。再者也不可能每次都忘我投入。需要做的時候做，偶而忘我投入，這樣才是剛剛好。

## 【專欄1】為什麼選擇非洲？

# 誠實面對透過五感產生的令人頭皮發麻的感動

來到非洲，正好已經過了半個世紀。

我因為崇拜人稱非洲獨立運動之父的迦納首任總統夸梅．恩克魯馬（Kwame Nkrumah），因此選擇留學迦納。從迦納開始，我在肯亞這片土地養家創業、獲得許多機會，現在正在肯亞的鄰國盧安達挑戰全新事業。此外，我還去過坦尚尼亞、巴西、布吉納法索等國家。在這半個世紀期間，我一直與「非洲」在一起。

非洲大陸隨處都是猶如巨型防空洞的藍天，以及有些思古幽情的紅土味。在這些東西的環繞之下，我覺得自己「真的很幸福」。

「為什麼選擇非洲？」

過去有無數人問過我這個問題。

我沒有明確的答案，不過當我自己重新思考「為什麼選擇非洲？」時，我的腦海裡浮現一個場面。

那是我這輩子第一次踏上非洲土地時的事情。

抵達迦納首都阿克拉（Accra）的三天後，迦納大學舉行入學典禮。藝術系的學生們表演舞蹈歡迎我們這群新生。

當時太陽已經下山，咚咚鼓聲響徹四面八方；出現在設置於校園內舞台上的學生們都是近乎全裸；黑亮肌膚在黑暗中發光，柔軟身體配合絕佳的節奏感舞動，手腳修長毫無贅肉。

那是難以形容的、驚人的肉體之美。我開始覺得自己穿衣服是為了遮掩自己難看的身體，甚至為自己覺得難為情。

人類就是這麼美的生物。

沒有穿上任何衣物，以自然的狀態存在，只是這樣就很美。我因為那一晚的表演徹底愛上了非洲。我想要在非洲這個能夠把人類變成那麼美的地方生活。我打從心底這麼想。當時的舞蹈現在依舊深深烙印在我的腦海裡。對我而言，那是非洲原始的風景之一。

還有一個令我印象深刻的非洲原始風景，就是漫步在草原上的長頸鹿。

一九六六年八月的某一天，當時二十六歲的我剛進入肯亞東麗紡織公司工作，我去了一趟坦尚尼亞的塞倫蓋提國家公園（Serengeti National Park）。坐在路華車的車頂上，遠眺大草原那頭遼闊的地平線，我看到長頸鹿一家走過；帶頭的是父親，接著是兩隻小長頸鹿，後面跟著母親。過了一個小時、兩個小時，牠們仍然以不變的速度，保持相同的間距，朝著同樣的方向緩緩前進。我的視線無法離開那群長頸鹿。在此同時，難以言喻的感動在我胸中擴散。

「我想和那群長頸鹿一起散步。」

仔細回想起來，那是我決定在非洲生活的主要關鍵。

假如我晚了五十年才出生的話，或許不會選擇非洲，或許會去蒙古或阿拉斯加，也或許會留在日本。正因為一九六〇年那個時代，非洲各國熱衷於獨立，再加上許多機緣，因此我「偶然」得以在非洲生活。

在黑夜中跳舞的裸身舞者，緩步走過草原的長頸鹿一家……

「為什麼選擇非洲？」

一望無際的晴空下的農地（左起：我、經營夥伴菅原正春先生、我妻子、長女、次女）

我也不清楚答案，不過卻點燃了我決定在非洲生活的熱情。難以形容的感動此刻仍烙印在腦海裡，成為難以忘懷的一幅「畫」。

那是來自五感的、令人發麻的感動。

我認為人的一生，與其說是取決於話語或信念，或許應該說是這些感動。儘管有時也需要講道理說服自己或他人行動，但是從中產生的能量，都比不上震撼人心的感動。眼見、觸摸、耳聞，五感所引發的感動之中存在著無論發生什麼事都能夠勇往直前、非同小可的力量。我發現那就是我跨越一切跑到這兒、驅動我的引擎。

第一章

# 思考之前先行動

# 暗語是「雙腳優先」

人大致上可分為兩種類型，一種是思考後再行動，另一種是先行動再思考。我完全屬於後者，雙腳總是比腦袋思考搶先一步行動。前往非洲、辭掉公司工作時也是如此。我百分之九十九都是靠直覺行動，之後才思考。

那麼，各位又是如何呢？

以辭掉公司工作為例，我相信應該很少人像我一樣先辭了再說。幾乎大多數人都會先確保有某些程度的收入才會辭職吧。

人類這種生物，一旦開始思考，就會逐漸無法行動，就像鬼壓床一樣，一步也踏不出去。辭了工作或許會沒有收入，或許無法再找到工作……諸如此類愈想愈多，擔心與不安也愈來愈多——各位也有過一、兩次同樣經驗吧。

不管在政治上或是官僚做事的方式，大多數日本人恐怕都是想好才行動的類型——想要有一番作為時，先做好功課，收集資料，經過計算之後，募集有識之士，才開始行動。然而就在這個過程中變得愈來愈不確定，最後決定放棄。電視新聞上也經常可以看到不少這類案例；想採取最安全的策略，最後卻什麼也做不了。為了該如何行動而思考，思考到最後卻是不了了之，這豈不是沒有意義？

我常說：「雙腳優先。」

「腦袋優先」並開始思考，才會造成裹足不前。

既然這樣，首先要「邁出腳步」。

但是，在此之前仍必須要有大略的目標。目標不需要很明確。以我來說，我的目標很粗略，就是「我想在非洲做些有趣的事」、「我想辭掉工作，自行創業」。只有大方向。

請各位想像在地平線那頭隱約可見的山岳。

你不清楚那座山標高多少、是岩山還是雪山、是否位在可以走路抵達的距離，可是你隱約有了想要攀登那座聳立高山的念頭——邁步奔向山岳之前，只要有這種程度的心情就足夠。

如何抵達那座山的山腳下？如何攀登那座山？這些事情一邊跑一邊慢慢思考即可。以慢跑的速度往前跑，雙眼緊盯著地平線上的那座山，就算途中迂迴繞路或去了其他地方，應該也不至於迷路。

裹足不前是因為「腦袋優先」了。

這個世界上或許只有「想跑的人」與「不想跑的人」。

所謂「不想跑的人」是指連思考都懶，認為只要維持現狀就好，始終站在原地的人；他們只會望著正在奔跑的人，說：「真希望我能夠變成那樣。」還有一種人是明明只在原地踏步，卻假裝自己正在往前跑；他們自己不跑也沒打算跑，只會煽動別人「跑啊、跑啊」。

各位身邊一定也有這種人吧。從我的經驗來說，社會裡實際在奔跑的人大約佔一成，剩下的九成都站在原地不動。你們又屬於哪一種呢？我沒有打算勉強你們「快跑」，不過，假如你正在猶豫著要不要往前跑的話，請選擇「雙腳優先」，先跑再說。你事後一定會很驚訝：「沒想到這麼簡單！」

## 無牽無掛才能夠抓住機會

除了「大略的目標」之外，還要加上一項重點，才能夠做到「雙腳優先」，那就是隨時保持「無牽無掛」的狀態，也就是你的直覺告訴你「想做」的時候，你看到地平線那頭的山岳時，能夠立刻出發。

請各位針對接下來的問題思考一下。

假如你明天要辭職的話，你能夠生活多久？

如果只能夠生活一到三個月的話，談不上是「無牽無掛」。我彷彿聽到大家在說：「我必須付房租」、「我必須繳房貸」、「我必須保養車子」，但是這些原本是不需要的、多餘的東西。

在非洲各國，社會資源還算不上豐富，沒辦法擁有這些「多餘的東西」。不過在日本，尤其是生活在東京，讓人直想說：「別背負那麼多東西啊。」

也就是說，你應該盡量縮減生活必需品。

人活著時，應該隨時只帶著基本的東西。

我不是要各位過著禪僧般的生活。如果你是租房子的話，選擇以現在的存款能夠持續住上一年的地方吧。別背負你必須一直待在同一個地方工作幾十年才能償還的龐大房貸。還有就是買東西別只是為了炫耀。只是這樣而已。

提到這點時，我經常想起在非洲草原上行走的動物。長頸鹿、獅子全都是光著身子活動，緩步走在無邊無際的草原上；偶而找到茂密可口的水嫩葉子，大家才會選擇在那兒落腳休息。

我認為人類也應該光著身子。如果因為受制於物質，導致自己無法做人生中真正想做的事情，未免太不幸。

最近在日本經常聽到「年輕人不想要車子、房子」。現在的二、三十歲或許遠比上一輩的人更無牽無掛。或許因為他們生活在什麼都有的時代裡，使得他們不執著於物質；也因為他們沒有經歷過所謂景氣最好的時代，再加上今後的景氣似乎也不會好轉，因此自然養成將物質需求降到最低的生活習慣。即使身處高度開發的消費社會裡，他們反而培養出「知足的生活方式」。

我私下認為，在物質極度豐饒的日本社會裡，有這麼多「無牽無掛的人」出現，實為一樁美事。閱讀本書的讀者，或許也屬於這種無牽無掛世代的一份子。從上一輩的角度來看的話，或許會覺得現在的年輕人不懂什麼叫景氣好、「很可憐」，但如果真的打算去實踐自己想做的事，「無牽無掛」其實是相當重要的要素。

## 只要願意行動，偶然也會變成必然

「雙腳優先」行動的話，會接二連三遇上意想不到的有趣情況。

比方說，邂逅。

我在肯亞最早做的事業是鉛筆製造。當時，肯亞的小朋友使用的鉛筆全是來自於國外的進口貨，因此價格昂貴。我計畫在肯亞境內生產便宜的鉛筆。我一如往常百分之九十九憑著直覺行動，卻在每次往前邁步時，遇上新的難題。即使我想參考其他人的做法，肯亞境內也沒有一家鉛筆工廠可供效法，也沒有製造鉛筆所需的機器，當然更沒有了解這方面知識的人才，可說是各方面都匱乏的情況。

然而，奇妙的是，就在我處處碰壁仍不改變心意繼續往前奔跑時，幫助我的人卻出現了。比方說，機械問題方面，有日本朋友替我找到合適的製造商。比方說知識問題方面，有退休的日本蜻蜓鉛筆技術人員為了我來到肯亞。

我自己也覺得不可思議，總而言之只要持續往前跑，在適當的時候就會有適合的人出現成為助力。我這麼說，一定會有人告訴我：「你只是運氣好吧。」不是這樣。每個人只要往前跑，「偶然」就會自動找上門來。然後這個「偶然」最終將會變成「必然」。

因此我在許多人的幫助下，終於成立了「國際鉛筆公司」，在肯亞境內開始製造鑽石牌鉛筆。可是麻煩尚未結束。

接下來的問題是「鋸子」。公司固定採購的、製作鉛筆筆桿木板的鋸木廠，使用的是舊式的圓鋸，因此鋸下廢棄的部份，遠比當做筆桿木板的部份更多，簡直成了「木屑製造廠」，也浪費了許多珍貴的木材資源。

當時助我一臂之力的是在東京經營木材生意的大森商會社長川越浩司。我找他商量，川越先生說：「佐藤，我也想在國外做生意，生產尺寸不偏不倚的漂亮木板。肯亞需要最新的機械與技術。」他立刻派遣木材專家來到肯亞，並且買下鋸木廠，從日本帶來全套配備最新帶鋸的機械。因此而誕生的現代化鋸木廠取名為「瓦南奇鋸木廠」(Wananchi Sawmills)。

我不僅因此解決了鋸子問題，也跨足鋸木廠的經營，可謂「塞翁失馬，焉知非福」吧。後來，我秉持著「不足的東西全都自己準備」的宗旨，也成立了運送材料與產品的運輸事業。在一連串的計畫啟動之後，其實我只是大喊：「一起做吧！」一只要往前跑，「偶然」就會自動找上門來。

邊揮舞旗子而已，然後出資金的人、擁有技術與相關知識的人、有過總務與會計經驗的人……不知不覺間，許多人都出面協助我。

每踏出一步，必定遇上問題。

這時候別退縮，只要繼續往前跑，專注對付問題的話，好奇「這個人似乎在做什麼有趣的事」的人一定會靠過來，成為你的力量。

請回想小時候在公園裡玩耍時，當你獨自一人拿著小鏟子在沙坑裡想要挖出一個大洞，其他小朋友也會好奇靠過來，對吧？這一點即使成為大人之後，基本上還是不會改變。只要當事人樂在其中，其他人自然會受到吸引而靠近；即使問題多如牛毛，只要大家一起愉快奔跑，也是一種快樂。而且在解決問題的過程中，甚至會帶來意想不到的收穫。

借用「他人」與「偶然」的力量，也是一種智慧。

凡事都自己一個人思考、想要靠著邏輯解決一切的方法是行不通的。試著張開天線，隨波逐流吧。有時也請發揮、磨練這種感覺，如此一來，一開始認為辦不到的事情也會出乎意料地成功達成。

## 首先要「具體化」

我對於「想創業」的年輕人有一項建議。

就是「製造有形的東西」。

「有形的」(tangible)在日文裡找不到完全對應的詞彙，簡言之就是「能夠觸摸到」的意思。不管是堅果、水果、籃子，什麼都好，請製造能夠實際以手觸摸到的東西。這是我的建議。

當然，堅果也是有形物。

為了成立肯亞堅果公司，我一開始注意到的是夏威夷豆。事實上夏威夷豆是十九世紀後半在澳洲發現的新品種堅果，當時非洲只有殖民地時期帶進來的野生種。但是，試吃了果實之後，我發現很好吃。我相信讓每個人試吃之後，他們也一定會說「好吃」，因此我確定「這個東西一定能成功」，進而創業。

有形物是無須言語說明也能夠傳達的東西。

這個東西如果夠好的話，人類就會信賴並且自然而然接受之。

如果說有形物值得信賴的話，無形物就是會叫人懷疑。

比方說，話語不是有形物，話說完就會消失，不管重複說了幾次「我愛你」，都無法留下什麼具體的東西。因此，為了避免說出的「我愛你」變成枉然，還是送上一個手能夠觸摸到的東西，就算是一朵花也好，比起只有話語，更能夠清楚傳達愛意。

最主要是，無形物的效力有時只有一瞬間。

我想，我不相信股票、債券等東西也是基於相同原因。不過，在地面上種樹的話，樹不會平白無故消失；只要不是遇上不得了的暴風雨，樹不至於連根都沒了；乾枯可能多少會影響產量增減，不過隔年或隔兩年就能夠恢復相同的產量。再加上一棵樹能夠活五十年、一百年。世界上還是有時間規模如此宏大的事業。

現在的日本或許距離有形物太遠了。

一位大學畢業後就進入無人不知、無人不曉的超一流企業工作的女性，曾經來拜訪我，對我說：

「我所做的工作沒有意義。」

她的工作是每天面對電腦輸入數字，估算取得企劃案的預算。企劃案順利通過的話，她必須頻頻出差，這個禮拜去智利，下個禮拜印度，再下個禮拜是保加利亞，奔波在世界各地；然而她在目的地所做的事情只是做簡報、寫報告。這一切對她來說都「沒有意義」。

在今天的日本，大學畢業後一進入職場，的確都是做她那樣的工作，算算數、寫寫字。或許有些年輕人認為這樣的虛擬世界很無聊。看過來找我諮詢的二、三十歲年輕人之後，我隱約感覺他們想追求的，或許是耕地、種樹等靠自身力量獲得可實際用手摸到的東西，這類有形的經驗。

## 愈是不安的時候，愈要行動

開始新企劃的時候，我經常對員工這樣說：

「If you build it, they will come.」（只要去做，人就會來。譯註：電影《夢幻成真》（*Field of Dreams*）中原本的台詞是：If you build it, he will come. 這裡改寫使

用。）

在新農園裡種樹時也是，建設新工廠時也是，我總是對大家這麼說。這是一九八九年上映的美國電影《夢幻成真》裡廣為人知的對白。聽到這句話的主角不在乎被其他人當成傻瓜，把玉米田改成棒球場。簡言之就是不瞎找藉口，盡快著手實踐。

開始新事物之前或開始沒多久時，你不太確定是否真的會順利、其他人是否真的會來幫忙；即使開始時自信滿滿，仍然有些不安。

可是呢，別想太多，總之先做就是。

耕田植苗也好，設廠生產也好，總之，人們會嗅到錢的味道湊過來。「噢，有什麼有趣的事情開始了」、「去那兒似乎有錢賺」。光是在腦子裡或桌上紙上談兵，嗅不到錢的味道。可是實際行動之後，錢的味道就會撲鼻而來。

我能夠讓肯亞堅果公司壯大，也是因為我始終相信：「只要去做，人就會來。」在開始行動、製造眼睛可見的具體商品之前，人們無法相信你。反之，等到你開始行動之後，人們才會相信你。農民願意努力培育出優質的堅果，工廠也能夠招募到優秀員工。實際去做了之後，一切就會順利轉動起來。

各位不也是這樣嗎？假如朋友熱切地說：「我要辭掉工作，改開拉麵店」、「我要在海邊蓋房子」，各位心裡儘管有些好奇，一定仍會半信半疑認為：「他真的會做嗎？」但是當朋友真的辭掉工作，租了店面，畫起招牌的時候，你有什麼感想呢？他真的在海邊買地時，你又是做何感想呢？你看他的視線應該也變成「他難道是玩真的？」了吧。

人啊，除非親眼目睹、親手觸碰到物品，否則不會相信。

這一點無論在日本、在非洲，或在世界任何地方都不曾改變。

因此，對於二〇一二年開始真正做起堅果生意的盧安達堅果公司，我也秉持著「只要去做，人就會來」的信念。農園一開始只是滿佈雜草、石頭的荒地，不管我怎麼大聲說：「大家一起把這片土地變成堅果園，一起賺錢吧。」得到的反應也只是冷眼旁觀、不以為然而已。我心想：「果然不出所料。」於是著手整地、設置抽水馬達抽取湖水灌溉田地、植苗等，一切逐漸具體成形。於是，在此之前冷眼旁觀、對我不予理會的人們，紛紛主動湊過來，怕錯失機會。

各位如果也想要開始做些什麼的話，先讓一切有具體的形狀吧。如此一來，原本在你說明時沒有認真在聽或不把你當一回事的人，才會發現：「這傢伙是真人啊，除非親眼目睹、親手觸碰到物品，否則不會相信。

的有心要做。」愈感到不安、不確定能否順利時，我希望你能夠秉持「只要去做，人就會來」的精神，實際動起來。

## 行動力、決斷力……我們不需要「〇〇力」

偶而有人對我說：「我真佩服你前往非洲發展的行動力」或是「突然在當地成立公司，應該需要決斷力吧」。可是，我不認為自己有什麼特別的行動力或是決斷力。

人類也是一種「動物」，會跑會動也是理所當然，特別把這種行為稱為「行動力」未免太奇怪。在我看來，這一切行動都極其自然，而肯亞堅果公司也不過是碰巧開始的事業之一，並非什麼都是靠某某「力」。

「決斷力」也是如此。每個人同樣一到中午就會想著：「差不多該吃中飯了。昨天吃了烤魚套餐，所以我今天吃拉麵吧。」並且做出決定。可是，這個不能稱為決斷力。儘管事有分大小，你會很意外公司經營其實與決定午餐吃什麼一樣，只是「要做、不做」這種等級的決策而已。

走一趟書店，你就會看到書上有「聽話力」、「思考力」、「煩惱力」、「斥責力」諸如此類形形色色的「力」。給人的印象就是——總之只要有「○○力」就萬事OK。當然我也明白書名簡單明瞭的書，讀者比較感興趣，我也沒有打算批評寫出這些書的作者。

一定是因為多數人認為自己缺乏某某「力」，所以這些書才會熱賣。但是，即使沒有「呼吸力」或「睡眠力」（好像還真的有這類書名的書），每個人每天也懂得自動呼吸或睡覺，因此沒必要特地加上個「力」字。

我看了看書店暢銷書排行榜的書架，不解地偏著頭：「分明每個人都在傾聽、思考、煩惱、責備他人啊，真奇怪。」沒必要凡事都加上「力」字來強調。每個人都用力的話，這個世界就會變無趣了。

無須強調什麼力、什麼力，每個人也都具備必要的能力。因此，接下來是不要用力，順其自然生活，能力自然而然就會發揮出來。相反地，一旦開始思考：「我現在行動力不足，所以必須更有行動力才行」、「我缺乏思考力」，往往反而會抑制人類與生俱來的能力並導往奇怪的方向。

以我來說，我有許多「不足力」。

就像前面提到的，首先是計算能力。身為經營者，我卻到現在仍然不擅長算數。我經常覺得「只要沒有赤字就好」，不會訂定什麼數字目標等細節。這一點也總是被我的妻子詬病。另外就是我對人少了點「體貼力」；我已經盡全力去體貼了，但似乎仍然遠遠不及一般人的標準。我總是在發呆，想著眼前工作以外的事情，所以恐怕也有專注力不足的問題。

然而，相反地，我也有不輸給任何人的「力」。

比方說「畫出一幅大圖的能力」。看著尚未開拓、空無一物的草原，我也能夠瞬間想像出堅果樹成長茁壯的「畫面」、去除堅果殼、烘焙堅果的機器陳列在工廠裡、眾人在那兒愉快工作的「畫面」，真的連細節都栩栩如生。也就是說，我擁有在空無一物的地方描繪的「畫畫力」。我相信這是我唯一不輸給任何人的「能力」。

假如二、三十歲的我，因為計算力不足、專注力不夠，只是一直在花時間補強這些能力的話，我想我一定會一事無成。計算力只要足以應付店裡找零不會被

別囿限於自己的「不足力」，
試著相信自己現在擁有的能力。

騙，不也就夠用了？專注力只要足以借助眾人的力量完成工作，不也可行？就像這樣，接受自己天生不足的「能力」，同時也徹底發揮成長的「能力」，我才能夠走到這裡。

拿掉能力，像風一樣生活，成長所必須的力量自然會增長。

各位也別只受制於自己的「不足力」，試著相信自己此刻擁有的力量。因為那些「能力」確實存在。

## 保留自己的「傻勁」

一般認為非洲是人類誕生之地。七百萬年前出現的人類花了十萬年的時間，拓展到歐洲、北美、南美、全世界的陸地上，這就是所謂的「大遷徙」，而起點就是非洲這塊土地。

我在演講或採訪時，總會提到「第一隻站起來的猴子」的故事。

在非洲大草原上的猴子，有一天突然直直站起，因為牠發現能夠看到遠方很快樂。於是牠突然開始思考：「那邊那個是什麼？」猴子的其他同伴也學著牠一隻接著一隻直立起來，等到牠們回過神來，才發現自己已經用兩條腿在走路。牠們越過草原、渡過河川、跨過山丘、游過湖泊，終於走向世界各地。

我將這隻猴子命名為「有心」，意思是牠一開始「有心」這樣做。牠們是我們最偉大的祖先。假如沒有「有心」的好奇心，人類或許不會誕生。是的，住在地球上的人類都是繼承「有心」的基因，都是這隻猴子的子孫。

促使「有心」這麼做的動力是好奇心。

總是以新奇的目光注視這個世界。

我發現這也是持續保有好奇心的祕訣。

某次，我在銀座開會時，有人對我這麼說：

「我看到佐藤先生張大著嘴，以燦爛的目光仰望夜空。我第一次看到有人看東京的天空看得如此入迷。」

東京的夜空有著接近紫色的深沉色彩，星星也只能看見一兩顆，月亮也被大

除了「比那個時候好多了」的感覺之外，
我希望你也要有「目標還沒有達成」的感覺。

樓遮住。對方的意思似乎是——如果是漂亮的星空也就算了，這樣的天空居然能夠看得如此開心，怎麼會有這種人？我雖然想不起望著東京夜空的自己究竟在想些什麼，不過大概是：「我要怎麼做才能夠飛到那顆星星呢？」這類沒有解答的蠢問題吧。

各位應該都聽過「Stay hungry, stay foolish.」（保持飢餓，保持愚昧。譯註：這句一般常見譯為「求知若飢，虛心若愚」。但也有人認為這樣翻譯是過度解釋。）吧？蘋果電腦公司創辦人史蒂夫・賈伯斯（Steve Jobs）於二〇〇五年在美國史丹佛大學畢業典禮上演講時，以這句話做結。

跟隨自己的直覺活著，不被他人創造出來的偏見所迷惑，為此，我們應該隨時保持愚昧且飢餓。——這是賈伯斯的話。

人在二十歲出社會之後經歷過許多，也會愈來愈聰明。剛開始胡亂忘我投入所做的事情，後來也會隨著失敗與經驗的累積，變得更有效率，找到好處更多的方法。一定有部份二十五歲到三十幾歲的人會覺得「二十歲的自己真笨」、「我現在比當時好多了」。

可是，我希望各位留下一些「無法完全聰明的部份」、「愚昧的部份」。然後，除了「比那個時候好多了」的感覺之外，我希望你也要有「目標還沒有達成」的「飢餓」。

能夠成就大事、成為大人物的人，都有某些愚昧又飢餓的地方。一個社會人順利累積經驗變聰明之後，即使腦袋裡計算出的結論是「這樣做會失敗」，心裡也要想著：「不試試看無法知道。」在自己心中有個部份經常保持不完美，才能夠像找尋獵物的飢餓野生動物一樣，豎起神經，憑著直覺前進。

我認為做想做的事情時，必須具備這種「野性」。

## 【專欄2】「在工廠裡製造產品」的固有經驗

### 心無旁鶩的工作

我的父親在埼玉縣川口市經營鐵工廠。

父親原本是畢業於工學院的技師，戰前從事水壩建設，也曾經在飛機工廠工作。戰後，他回到出生的故鄉宮城縣志津川町（現在的南三陸町）擔任高中老師。父親在我小學五年級的時候，突然有了「小孩是國家的財產，必須在東京長大，才能夠看見整個國家與全世界」的想法，於是搬到了仙台，隨後舉家遷往東京。他利用自己的技術在川口市開了一家小鎮工廠。

我從高中到大學，經常與兄弟一起在父親的鐵工廠裡工作。

我們在工廠裡把熱鐵打成鐵片，進行鍛造；用落鎚敲打剛出爐的鮮紅熱鐵。這真的是既危險又辛苦的工作。我們的身上到處是燒燙傷，在盛夏裡必須一邊舔著鹽一邊工作，否則會熱暈。不過我們兄弟們與工廠員工認真工作完畢後，總會開心嬉鬧、互開玩笑，真的很快樂。

我在父親的工廠裡有過這樣的日子，因此當我開始有「我想去非洲做點什麼」的念頭時，最先決定的只有「我想開工廠生產東西」。所有人每天勤勉工作，生產產品，這種工作風格對我來說才是最自然、最實在。

從鉛筆工廠開始，包括沒能夠具體成形的產品在內，我做過二輪拖車、果醬、塑膠布、木材、製鐵，然後是堅果、咖啡、葡萄酒。我永遠堅持要「製造產品」。這一定是我一直看著父親的背影所受到的影響。「工廠」就是我的起點。

當然，這個世界上還有許多製造產品以外的工作，例如：做貿易，把物品

與父親工廠員工的合照（戴著學生帽的是我，戴眼鏡的是家父。）

從右邊移向左邊；或是做出版，寫文章印在紙上；或是從事金融業，經手無形的東西等。問題不在於哪一個好。每個人都有適合與不適合的工作。

可是，看看現在的世界，感覺上「單調的工作」反而被視為最低階，普遍的氣氛是勞動頭腦的工作比勞動肉體的工作更偉大。

在肯亞堅果工廠裡，去除外殼，去除裡層的薄皮，削掉果實變色的部份，這些步驟幾乎是手工處理。若在一般現代化的工廠，全部採取機械化，理所當然會靠藥物溶化去除外皮、漂白果實。因此我們的工廠雖然效率不算好，不過我希望即使多一個人也好，能夠讓更多人有工作可做，因此從過去到現在始終保持手工作業。

之前從日本來肯亞當實習生的女大學生，曾在工廠裡工作一天。她的工作是坐在椅子上，面對成堆堅果，拿刀子剝除薄皮。她看資深作業員動作十分俐落，以眼睛看不到的速度飛快剝著堅果。這對新手來說相當困難。過程中她曾經割斷薄皮、堅果從手中滑掉。資深作業員已經剝完十顆堅果，她才勉強剝完一顆。因此她很快就大叫：「我做不來！」

她在日本知名大學唸書，在某些意義上來說屬於菁英。如果與一般人一樣留在日本工作的話，應該會是出色的上班族。能夠擔任特殊技術人員、聰明的人可做的工作固然是一件好事，可是另一方面，我看到整天面對堆積如山的堅果、不斷剝著薄皮的作業員，我也認為「那個專心致力於工作的姿態真的很美好」。

沉默地動著手工作。

我還是喜歡這種工作方式，能夠體驗到「工作」的感覺。

削掉堅果果實變色的部份

第二章

# 把想做的事情具體化

## 找出「適合的理由」

五十歲時，久違的朋友對我說：

「佐藤，你為什麼要待在非洲？在日本可以賺更多啊。而且去六本木，又有許多漂亮小姐。」

當時是一九八〇年代後期，日本經濟大好，每個人都為了泡沫經濟而喜悅。世界上到處都是錢，民眾夜夜笙歌，酒池肉林。

老實說，我也曾經覺得自己錯過了美好的時代。

可是，我同時也有「此時不努力更待何時」的念頭。因此我沒有回日本，只是緊抓著肯亞，專注於事業。我每天在農村收購堅果，或是向街上的零售商店兜售商品，踏實工作，與泡沫時代的日本正好相反。

那段期間，我盡可能拒絕接收來自外界的資訊，現在想來或許也是慶幸。當時沒有網路，國際電話也很貴；假如我看到華麗的迪斯可舞廳或俱樂部的即時情況，我或許就不會全心全意到那種地步，也可能敗給誘惑。

我在非洲完成了自己的目標。

就這樣奮鬥著，公司也順利成長茁壯。某天我心想：「噢，我或許能夠成功。」然後不知不覺間，我開始相信這是自己應該做的工作。

某些時候你想做，有些時候你能夠做，有些時候你認為非做不可。

就像這樣，我花了許多時間逐漸鎖定目標。

我能夠把堅果事業當成非做不可的工作，要到四、五十歲之後。公司成立之時，三十五歲的我全心投入其中；走過那一段時期之後，我才終於有「非做不可」的念頭。

人不可能從年輕時就有「這是我非做不可的工作」的想法。

二、三十歲只要找尋自己想做的事；找到有這種感覺的事情之後，一股腦兒去做即可。然後，等到某一天，你發覺自己正在從事的工作「正好適合」、「正是你在這個世界上最應該做的工作」時，那這就是最完美的結果。只要抱持這種打算去做即可。

我在美國經商的長女前陣子告訴我現在流行「Doing the right thing for the right reason」這句話。

「right」譯為「適合」會比譯為「正確」更精確。基於「適合的理由」(right reason)而存在的事物，無須耗費唇舌解釋，光是它的存在就已經道盡一切。就算不解釋，只要讓人看見，別人也會覺得「好」。這就是「適合的理由」。

各位也仍在尋找往後人生中想要成就的事情吧。

到時候，就像以前的朋友問我「你為什麼要待在非洲？」一樣，你一定會聽到不少「雜音」；或者是「你做那件事可以餵飽自己嗎？」、「風險不會太高嗎？」云云。可是，只要各位看著自己想做的事情，覺得「適合」、「有適合的理由」的話，我相信你就不會動搖。

以適合的理由全心全意持續做著適合自己的事情，總有一天它將會變成有形的東西。我一直沒有意識到自己是為了「適合的理由」而做到現在，不過當長女告訴我「Doing the right thing for the right reason」這句話時，我才發覺：「啊啊，怪不得我可以做到現在這種地步。」正好與我的想法別無二致。

現在要做自己想做的事情，之後再找出「適合的理由」即可。

# 超越「為了自己」

在肯亞創業時，有句話銘記在我心頭。

人稱NEC（譯註：日本電氣公司，簡稱「日電」。台灣分公司譯為「台灣恩益禧」。）中興始祖的小林宏治先生，在日本經濟新聞報的短文中提到：「當你堅信自己超越了個人與公司利益時，事業的存在就會變得合情合理。」

超越個人利益，舉例來說，也就是自己所做的事情對社會或群體有意義。當你確信「這是我非做不可的工作」時，才終於能夠放心，認為自己在做的事情合情合理。我明白小林先生所說的就是這個意思。

各位又是如何呢？

你是否感覺到自己正在做的工作「超越了個人利益」？

人類這種生物，如果是為了「想要賺大錢」、「想要富裕幸福」、「想要偉大」這些「個人利益」做事的話，大致上做到一半就會遭遇瓶頸。肯亞堅果公司剛起步的時候只有少數幾名作業員。這家公司能夠成為員工人數突破四千人的企業，我想也是因為我堅信要「超越個人利益」的緣故。

肯亞在一九六三年獨立之前，農業發展都是為了宗主國的利益，因此只生產咖啡、紅茶等出口產品，而且一切都是由白人經營的大規模莊園生產。肯亞人領取低薪勞動，得到的只有壓榨。利益全都是莊園老闆所擁有。

我在迦納留學時、在肯亞上班時，都親眼看過農民這種情況，因此我自行創業時，我心裡只有「我希望人人都有工作，都能夠生活幸福」這樣單純的想法。這種情況如果換個自以為是的說法，也就是我「超越了個人利益」。

如同前面已經提過，肯亞堅果公司後來大幅改變了農民的生活。過去肯亞人像奴隸一樣栽種、採收堅果，卻只能領取極為微薄的薪資；現在他們可以種植自己的樹，將果實供應給肯亞堅果公司，並且獲得對等的現金收入。堅果加工廠也提供乾淨安全的生產設備、生病或受傷時的診所、健保制度、蓋房子所需的貸款等。公司資金充裕時，還設置獎學金制度，提供堅果農家共計一萬名以上的孩子上國中、高中。總之，我希望打造從栽種、集貨、加工、銷售，所有階段的相關人員都能夠微笑、滿足生活的機制。

我認為在經營公司的角度上來說，當然還有不少更有效率的做法。可是，看了眾人在肯亞堅果公司的院子裡笑容滿面享受午茶時光的樣子，下班後驕傲搭乘公司專車回家的樣子，我確定自己「做對了」。

何謂工作？何謂經商？

不同世代對於這些問題的答案也不同。

像我這樣出生於第二次世界大戰期間到戰後這段時期的世代，習慣把經商視為所謂的社會貢獻，亦即做生意是「為了世界、為了人類」。這一定是因為我們經歷過戰後缺乏物資的艱辛時代，因此「讓大家一起富有」的意識很強烈。這一世代的人，平均來說都懷抱著飢餓渴望，尤其熱愛工作。

再往下一個世代的人，也就是經歷過泡沫經濟時代的四、五十歲這一輩，更強調利益優先、賺錢優先。這些人生活在日本逐漸富裕、物質日益豐富的時代，因此不認為必須考量整個社會。

更往下一個世代的人，也就是現在的二、三十歲這一輩，再度提高了社會貢獻的意識。他們打出生就什麼都擁有、缺乏飢餓渴望，但是他們會注意到社會正義，看見矛盾，因此有愈來愈多日本年輕人「想要當志工」、「想要幫助別人」而來到非洲。

我不是在討論哪個世代的好壞，只是單純在敘述時代的潮流。

我認為有趣的是，屬於「什麼都沒有的時代」與「什麼都有的時代」的人會考慮為了社會貢獻，而屬於這兩者中間那個世代的人，生活在物質豐富的環境下，反而樂觀地認為社會自動就會變好。

不同世代對於「你為什麼要工作？」這問題的答案也不同。

但是，不管出生於哪個時代，只要工作時想到「超越個人利益」，就不會偏離目標。

## 利用「乘法」拓展才能

才能不是加法，是乘法。

不是1＋1＝2、2＋1＝3這樣一點一滴累積直到開花結果。事實上唯有適才適所的工作，才能才會翻倍成長，一口氣開花。那種朝氣蓬勃的活躍姿態可用「如魚得水」形容。如果能找到「得水」的場所，人自然就會開始發光。

我相信沒有人「沒有才能」。不管是旁人眼裡看來多麼「笨拙」的人，只要擺對地方，也會瞬間一飛沖天。

舉例來說，我在一九九八年成立的腰果工廠有許多瑣碎的工作，包括利用切壓機割開腰果外殼、用刀子剝去薄皮、削掉果實表面變色的部份，還有把衛生紙切成固定長度、監視作業員是否確實洗手、更換鞋子的消毒液、記錄每個人的加工量等，有許多這類瑣碎又不可或缺的工作。

當中有些人家境貧苦，非工作不可，什麼工作都可以，總之能夠掙錢就好；當然他們也沒有特殊的技術或知識。這種時候該派給他們什麼樣的工作才好呢？重點在於，派給他們的工作，他們能否樂在其中。會覺得有趣嗎？或者只是做得心不甘、情不願？這些一看就知道。投入其中做得很開心且做出成果的人，就是適合該項工作的人。亦即他們有工作常識也有才能。

現在，在盧安達公司擔任會計的是日本實習生。

會計在組織裡是索然無味的工作。生產與銷售相關工作看來更有趣些，也因此很受歡迎。可是，他的才能在會計工作上才得以發揮。事實上他在上班時總是

即使是旁人眼裡看來「笨拙」的人，
只要擺對地方，也會瞬間一飛沖天。

熱衷於處理報稅手續或計算損益，他甚至覺得「去開會（不能做會計工作）很浪費時間」。

簡言之，他應該待的位子就是那裡。每項乍看之下索然無味的會計工作，對他來說都是莫大的喜悅。

當我看到樂在工作的員工，我主動開口說：「你很懂得怎麼做這個東西呢。」他們通常會難為情地表示：「沒那回事……」隔天反而製造出更好的產品。才能與工作常識就是透過這種方式逐漸成長、開花。

事實上，一般公司裡沒有哪個工作是缺乏才能與工作常識就無法勝任；又不是要成為職棒選手或相撲力士，因此人人都能夠從事其中大多數的工作。大抵上說來，如果在實際工作之前，就因為「那傢伙沒有才能也缺乏工作常識」被剔除的話，未免太可憐；反過來說，當事人如果做到一半才決定放棄也很可憐。總之，你一定能夠找到一個地方好好發揮你的才能。

# 「隨心所欲去做」正是最佳捷徑

每個人做事情都希望能夠隨心所欲進行。

不管是經營者也好，在組織裡工作的人也好，都是如此。而且，唯有在做想做的事情時，人們才能夠完全發揮才能，倍速成長。

各位一定也是這樣吧。做事時想著「我是聽從上司的命令才做」、「儘管不情願，既然是工作，也只好做了」，勢必難以成長。相反地，如果上司說：「儘管照你自己的意思去做。」情況又是如何呢？或者是多年來一直想做的事情終於能夠動手時，又是如何呢？

我相信你一定會付出自己現在所擁有的一切全力以赴、全心投入並堅持下去，等你注意到之時，你已經成長到連自己都嚇一跳的程度了。我相信你會發覺映入眼簾、聽進耳裡的東西，日積月累下來都成了自己的東西。

身為經營者，我看過許多人，深深覺得人就是像這樣逐漸成長。可以照著自己的方式做事時，人會以最快的速度成長到最高等級。像我這樣的領導者，只會從他們的身後看著這個過程，為之喝采：「很厲害、很好。」各位想像足球的守門員對後衛下指示的樣子，或許就能明白。是的，也正如守門員要在電光石火之時阻擋敵隊射門，我也只會在千鈞一髮之際登場。

當業績惡化、必須退出這項事業時，我會一聲令下大喊：「撤資！」讓眾人同時轉換方向，原本在最後面的我會站在最前面，變成「糟糕，我怎麼是領頭的？」的情況。

所謂「好的領導者」，平常在不在場無所謂，可是少了他的話，組織就會變成一盤散沙。我認為這樣的角色剛剛好。總是領導者在下令的話，眾人會失去幹勁。

話說回來，你認為人類是為了什麼而工作呢？

為了有飯吃，為了生活，為了孩子，為了家人。

一定還有一個原因是總括上述所有，想要成為更好的人，所以才努力工作吧？賺很多錢，過著更好的生活，想要旅行或唸書等，這些形形色色的經驗，都是為了成為「比現在更好的自己」。讓孩子接受好的教育，讓家人享用美食，也是為了成為「更好的父母親」。以結果來說，每個人應該都是為了成為「更好的自己」

而工作。

沒有人工作是為了貶低自己。

因此，以「常識」為基礎建立某種程度的秩序時，如果能夠按照自己的想法進行的話，自然會往更好的方向發展。這是我最單純的信念，所以在公司裡也不會開口干涉大家做的事情。

所謂「想要照著自己的方式進行」，與人類最自然的欲望——「想要變成更好的人」相同。無須刻意強調，順其自然的話，人人都能夠朝著更美好的方向成長。

## 每個人剛開始都是門外漢

有能力打造百年佛寺或神社的優秀宮大工（譯註：日本專門建造佛寺與神社的工匠），也是從鉋木開始做起。我聽說最近日本企業僱用員工時，很重視「即戰力」（譯註：即刻能夠投入工作、在職場上發揮作用的能力），但我不會刻意吸收優秀人才。偶而有員工表示：「聽說有個很厲害的專業高手，我們延攬他進公司吧。」我也會拒絕，並說：「每個人都是從零開始。」

對於人，應該從「零期待值」出發。

發覺一個人擁有的潛能，相信他「總有一天會成長成為了不起的人才」。各位當中有沒有人曾經聽前輩或上司對你說過：「我要把你訓練成能夠獨當一面？」這種做法完全是多管閒事。每個人有各自想要成長的方向，只要擺對位置，就會自行順利成長。與草木相同。修剪美觀的盆栽或許會因為「模樣漂亮」而受到喜愛，但是種植在盆栽裡的樹木應該會感覺很拘束。

說起來，我也曾經是一無所知的門外漢，因此我瞧不起培育、教導人才的做法。那些成為肯亞堅果公司核心的人才，也不是公司培養，而是自行成長。就是這種感覺。

肯亞堅果公司是由我登高一呼「到這兒集合！」而聚集過來的八個人所開始，我們正是一群門外漢。雖然有兩位來自明治製菓公司的食品加工專家，不過他們也是這輩子第一次看到我們的主力商品夏威夷豆。當時日本尚未進口夏威夷豆。

不同種類的堅果情況多少有些差異，不過堅果加工的步驟大致上都是帶殼烘無論多麼優秀的人也都是從「零」開始。

烤、取出果仁、剝除薄皮、篩選、烘焙。尤其烘焙需要高度技術。聽說烘焙師要苦練十年才能夠獨當一面。我們一開始從錯誤中學習，仿照烘焙花生和腰果的方法，也向夏威夷豆原產國澳洲的人討教，吃足了苦頭。

結果我們花了約三年時間，才找到每個步驟「最完美」的方法。儘管如此我們還是成功了。

不對，不僅是成功了，還生產出比市場上現有的流通商品更優質的產品。肯亞的風土培育出的堅果，油脂與糖份比其他生產國的產品更均勻，口感更出色。另一方面也或許是因為夏威夷豆是全新的領域，沒有前例可循。現在想來，正因為大家都是門外漢，對於自己居然能夠成功更多了些感動。

「沒有人不是從零開始。」

看到缺乏自信的年輕人，我一定會這麼說。公司裡最賺錢的前輩、白手起家打造龐大事業的經營者，光看他們現在「功成名就」的模樣，恐怕很難想像這個人當初「一無所有」的模樣。可是，每個人一開始真的都是「零」。大家都有左右不分的菜鳥時代、都有做什麼老是失敗的時期吧。

目前位居盧安達堅果公司農業技術第一線的是兩名肯亞人，他們均是來自於肯亞堅果公司，二十歲剛進公司時都只是門外漢，現在已經成為打造苗床與莊園、教育生產者的角色，十分活躍。看到他們兩人以專業組織眾人的姿態，我心想：「人果然還是需要自行成長。」

因為他們長大了，我能夠做的只有從背後稍微助他們一臂之力，鼓勵說：「你真了不起。短短三年就成為獨當一面的專家了。」或主動說：「你在這裡做這些，太浪費你的能力了。」於是每個人都會開始想：「是這樣嗎？」進而想要挑戰更大的目標。等他們注意到時，又成長了。

## 沒有「忍耐就會成功」這種事

每個人都有覺得工作辛苦、「想辭職」的時候。這種時候，前輩或父母親是否曾對你說「忍耐就會成功」呢？

事實上「忍耐就會成功」只是謊言。

假如你現在所待的地方不是「對的場所」，不管是待三年或者待十年都一樣。相反地，如果你只打算待三個月就辭職的話，則沒有任何問題。倘若凡事只要努力就有成果的話，我們就不需要其他人了。人要待在每天都很開心、能夠感受到自我成長的地方才會成長。經常有學生跑來找我表達想要當實習生的意願，說：「不管是肯亞或盧安達，哪兒我都願意去。」與學生面試時，我不會說：「你一定要做這個」或「你做這個也許會成功」，只會說：「你不會想做這個嗎？」

因為，即使當事人一心想著：「我的目標只有這裡。」事實上那個地方對於學生來說不一定是「對的場所」，所以實習生之中，有些人在非洲實際工作之後，表示：「與我原本想的不同」、「不是我擅長的工作。繼續待在這裡好嗎？」云云。這種時候，我絕對不會大聲鼓勵：「加油！」只會很乾脆地讓他們回日本，說：「既然知道自己不擅長，你就辭職另謀其他工作。」

尤其是在大學讀的是開發經濟、「希望前往非洲協助開發」的學生，經常不清楚那是否真是自己想做、應該做的事。

或許有不少人混淆了「想做的事情」與「必須做的事情」。

特別是從一九九〇年代後期開始，就業困難的情況持續存在於日本，不少年輕人好不容易通過嚴格的考試進入公司，卻不清楚這究竟是否真是自己想做的事，或者只是其他人告訴自己必須這麼做，而在這種情況下繼續做著工作。

各位又是如何呢？

假如覺得「有點不適合現在的工作」，就去找下一份工作。各位的煩惱都是來自於沒有找到「屬於自己的地方」。每個人都在嘗試各種方法想要找到屬於自己的地方，鮮少有人很幸運，「畢業後進入的第一家公司，就找對了地方」。

這麼說有點太極端，不過即使你到六十歲才找到也不遲。人類如果健康的話，能夠活到一百歲，所以你還有四十年。只要有這些時間，就能夠找到屬於自己的地方。

如果不適合，就換下一個工作。

別老是認為「我只有這個了」。任何事物與其他事物相比較之後，幾乎都是「沒什麼了不起」。因此輕鬆切換即可。

# 再給自己一次機會吧

人生中，凡事都有期限。

完成一件事之後，感覺「差不多該結束了」、「必須前往下一個地方了」的時間點總會到來。即使你對現在所做的事情得心應手也一樣。你能否快速捕捉那個時間點，站上下一道浪頭呢？我認為想要實現夢想的話，這種感覺不可或缺。

我最愛的澳洲合唱團The Seekers也唱過的《Turn Turn Turn》這首歌，你聽過嗎？這首歌是美國民謠歌手皮特・席格（Pete Seeger）作曲，靈感是來自舊約聖經裡的一段內容。歌裡有一句歌詞是：「There is a season, turn, turn, turn.」（凡事都有時限，季節不停更迭）。

我在過往的人生當中，曾遇到過幾次覺得「差不多該結束了」的時間點，特別是面臨重大轉捩點的時候，也就是肯亞堅果公司的創業夥伴解散時。當時正是The Seekers歌裡所唱的「那個時間點」。

在公司成立之初，我就想過肯亞堅果公司將來必須是肯亞人的公司，任務結束之後，日本人必須離開，接下來由肯亞人以自己的方式經營。創業夥伴的任務是播下「公司」這顆種子並將它培養長大，接著交給下一代採收樹上結成的果實。英文的「season」除了「季節」這個意思之外，還有「做某事的最好時期」，也就是日文所說的「當季」的意思。對於身為創業夥伴的我和日本員工來說是「當季」，對於在肯亞堅果公司受訓的肯亞人員工來說，也是「當季」。

日本有句話：「有些人乘轎子，有些人扛轎子，有些人做草鞋。」世界上有各種角色的人，做著各種工作，維持社會運作。

於是，二〇〇五年九月，除了我和一名員工之外，其他五位日本職員全都離開肯亞堅果公司。離開比創業更辛苦。有些人聽了我的計畫之後，毫不戀棧地離開公司，也有些人或許直到現在仍對我懷恨在心。不過，時間到了。

正確掌握「時機」，邁向下一步。

實際進行起來並不容易。人啊，比起開始新事物，繼續做原本做的事情比較輕鬆。也因此才會有許多人錯過「時機」。可是一覺得「差不多該結束了」的時候，我希望你切勿猶豫，速速踏出下一步。

事實上，我離開肯亞堅果公司還有一個原因——因為我覺得「我沒能夠發揮全感覺「差不多該結束」時，快跳上下一道浪頭。

力」、「如果我的人生就這樣結束，豈不是很可憐？」幸好我在生理上與心理上都很健康，還有能力開始下一份工作。

「Give me another chance.」

再給自己一個機會。

我當時正好聽說有個有趣的技術是利用微生物的作用，不但可以運用在有機肥料上，還能夠有效消除廁所、家畜臭味。我直覺認為：「就是這個！」這就是我給自己的下一個機會。

二〇〇八年十二月，我比其他日本員工晚了三年，以近乎免費的方式轉手公司股票，只留下一股。待在公司的最後一天，沒有歡送會、沒有送紀念品也沒有道別演說，我離開了持續經營三十四年的肯亞堅果公司。沒有半點眷戀。

我現在的房子仍在奈洛比，所以偶而會去公司看看情況。員工們都會笑著歡迎我。不過我只是去看看，沒有開口發表意見。

有句話說：「桃栗三年，柿八年。」（譯註：從播種到結果，桃子、栗子要花三年，柿子要花八年。）一般人也經常形容企業經營是「十年樹木，百年樹人」。肯亞堅果公司到二〇一四年，創業就屆滿四十年了。未來還長得很，無論是人或公司，接下來還要花上幾十年的時間才會成長。

以肯亞人的方式經營，如果倒閉的話就倒閉，這也沒辦法。

可是我能夠預見，在長滿一大片堅果樹的美麗山腳下，所有人樂在工作。我可以看到公司的美好遠景。就像我現在盡全力利用「另一個機會」一樣，熱衷工作的肯亞人也會抓住到機會，好好發揮。所以，一定不要緊。

## 【專欄3】「OUT OF AFRICA」的誕生

### 打造來自非洲的非洲風格品牌

肯亞堅果公司在一九七四年成立以來，原本主要是賣原料——從全國農民那兒採購堅果、加工之後，提供給食品製造商等使用。

直到一九八九年，公司創立第一個原創品牌「OUT OF AFRICA」之後，才有了大幅的改變。我計畫替肯亞生產的堅果加上附加價值，將之提昇成為代表肯亞的品牌。

「OUT OF AFRICA」名稱來自於我學生時代最愛閱讀的丹麥女作家伊薩克．狄尼森（Isak Dinesen，本名Karen Blixen）的同名小說（譯註：繁體中文版譯為《遠離非洲》，由紅桌文化於二〇一三年出版）。這部小說曾於一九八五年改編成同名電影，由梅莉．史翠普（Mary Streep）與勞勃．瑞福（Robert Redford）主演，並獲得奧斯卡金像獎最佳影片等七項大獎。

在那部作品裡，女主角是一位從丹麥來到肯亞經營咖啡莊園的男爵夫人凱倫・白列森。她在途中生病、與當地農民起衝突、遇上工廠失火。凱倫辛辛苦苦奮鬥的模樣，正好與肯亞堅果公司的情況類似，我心想：「就是這個！」

於是這項商品大發利市。

除了獲選為德國漢莎航空、英國航空、阿聯酋航空等大型航空公司在飛機上提供的點心之外，在歐洲各地的百貨公司、肯亞的超市也十分暢銷。話雖如此，我們沒有立刻就拓展到全世界。

接下來經過一個世代的培育，我們慢慢在非洲發展出品牌。我希望它有一天能夠茁壯到大家都會說：「去肯亞，一定要買這個堅果。」

「OUT OF AFRICA」這個品牌並非一開始就一帆風順，推銷上耗費了許多心力。比方說，去漢莎航空做簡報時，試吃堅果的負責人員曾對我說：「這個堅果的味道和形狀都不統一。這樣子沒辦法表現出肯亞生產的特色。」

這也是理所當然。那些堅果是在肯亞各地的土地、由許多人按照自己的想法種植出來；土壤不同，水也不同，日照時間也各有不同，不可能與設備完善的大型莊園統一管理生產的堅果一樣。

可是，這種不一致的地方，多麼有非洲風格呢。

裝在袋子裡的所有堅果都要有同樣形狀、同樣顏色、同樣味道，這只是先進國家的想法。不應該只因為他們習慣那樣，就將之視為正確。

因此，我這樣回答漢莎航空的負責人員：

「沒有特色不能是特色嗎？請告訴客人這一個袋子裡有各種不同味道，並提供給客人，讓他們享受肯亞產夏威夷豆的多樣變化。」

「也對。」聽到這裡，負責人員也表示同意，決定與我們合作。

像這樣前往客戶那裡反覆簡報的過程中，「OUT OF AFRICA」逐漸成長，成為代表肯亞的品牌。現在也是奈洛比機場商店裡最暢銷的伴手禮。

我飛往世界各地開會時，偶而會遇到不曉得那是我的產品，卻告訴我「OUT OF AFRICA牌堅果最好吃」、「我一定會買OUT OF AFRICA牌堅果」的人。

這種時候，我會佯裝不知情，回答：「那麼好的東西是誰製造的？」我不好意思自己說「那是我製造的」，那也不是我的風格。不過我在心裡高興得不得了，因為我實現了「培育來自非洲且充滿非洲風格的品牌」這項目標。我現在期待著剛起步的盧安達堅果公司也能夠有同樣的成長。

在夏威夷豆苗床與女兒們合照

第三章

# 持續保有不滅的熱情

# 真正的「試煉」不辛苦

「你在目前為止的人生之中，最辛苦的是什麼？」

在演說與採訪時，我經常被問到這個問題。我的答案每次都一樣：「完全沒有。」於是每個人都一副欲言又止的表情。我的回答不是撒謊，而是我真的這麼認為。

當然，在非洲住上幾十年，我也有說也說不完的「頭痛」、「退縮」情況。比方說，二十四歲那年我在上伏塔（Haute-Volta，現在的布吉納法索）進行田野調查時，差點死於瘧疾。我越過邊境，準備從北往南前往迦納首都阿克拉，卻被迫滯留在一條大河前，花了一整晚等待渡輪抵達。

我當時因為發高燒而腳步蹣跚、躲在卡車底下，陌生的迦納大嬸們對我很好，餵我吃飯，用河水冷卻我的腦袋，唱歌安慰我。或許多虧如此，儘管我當時瀕死，卻一點也不覺得「辛苦」或「難受」。我的確處於生死攸關的極限狀態，卻反而有另一個我，能夠跳脫痛苦、冷靜地凝視自己。

用「試煉」這個字眼形容或許最恰當。我當時心裡甚至有「好不容易來到夢想中的非洲，我怎麼可以因為這點小事死掉」的想法。

跨越試煉並不苦。

為了讓自己前進所做的事情，不應該覺得苦。只要是真心想做，再怎麼辛苦，人都能夠跨越。覺得「辛苦」或「難受」，都是因為你在做的並非你真正想做的事情。

我的這種生活方式或許是受到母親的影響。

關於家母，我在前一本著作《OUT OF AFRICA 非洲的奇蹟》中已詳盡描述，她喜歡一邊做家事一邊背誦法國作家保爾．魏爾倫（Paul Verlaine）與波特萊爾（Charles Pierre Baudelaire）的詩。我小的時候正逢二次世界大戰結束前後。母親當時要照顧四個正值成長期的孩子，想必十分辛苦。

儘管如此，母親卻總是哼著歌。在東北鄉下小鎮裡擦著玻璃窗，一邊唱著「'O sole mio～」（譯註：出自拿坡里歌謠《我的太陽》。這句歌詞乃「我的太陽」之意）。這種不輸給任何事情的開朗、堅強，不純粹是她與生俱來的能力；我至今仍然好奇她究竟是如何養成這種習慣。

現在的肯亞比起四十年前已經富有許多，肥胖人口也逐年增加，可以看到不少拖著肥臀、鮪魚肚走路的人。儘管如此，當地的物資仍然匱乏，而肯亞以外的非洲各國更是貧窮。目前在盧安達，一般人一天也只能吃到兩餐。

不過每個人真的都很溫暖且開朗。

儘管有許多需要擔心的事情，可是他們的基因裡似乎天生就存在「哭哭啼啼也沒用」這種想法。

問題不在於非洲與日本哪邊的生活比較輕鬆。

以我來說，我認為在東京工作比起在非洲更痛苦好幾倍。每天早上要搭乘擠滿人的電車去公司上班，我不認為自己能夠辦到。在非洲工作比在東京工作好。做著不想做的事情會覺得「辛苦」，不管在哪裡、對誰來說同樣都是痛苦。相反地，做著想做的事情時遇上的「試煉」，反而一點也不苦，我甚至會覺得無比快樂。

「辛苦」與「試煉」兩者似是而非。

難得的人生，如果要面對的話，當然要選「試煉」而不是「辛苦」。別嘴裡喊著「好累、好累」咬緊牙關忍受，要像我的母親一樣抬頭挺胸哼著歌跨越。這是跨越「試煉」最好的方法。

跨越試煉並不苦。

為了讓自己前進所做的事情，不應該覺得苦。

# 維持「六成人生」

各位究竟要到幾歲，才會覺得自己的人生「圓滿」了？五十歲？還是六十歲？是否需要更多時間？

我前面也提過自己已經七十五歲（二〇一四年）了，到現在我仍然覺得自己是「未滿」。要說是多少程度的未滿，大約是六成。我覺得自己總是只能做到六成。

老實說，「總是做六成」正是我個人的生活智慧。

持續保持熱情，挑戰新事物，「總是做六成」剛剛好。為什麼是「六成」？因為四成、五成會覺得自己不夠努力、很可憐；超過七成的話，反而會過度強調「自己很努力」，因而變得自尊自大。因此，比一半多一點點的「六成人生」剛剛好。

或許有些人認為總是追求六成太少。

不過，如果目前努力做出來的成果是六成的話，你應該就能明白十成的門檻有多高。六成距離十成還有四成。即使是在工作上或者任何情況，你可以想成「我還有進步空間」「我還游刃有餘」。把自己的容積預設成大一點的話，就能夠實現許多事。

當一個人認為現在的自己處於巔峰時，就無法變得更好。總是做滿、做好、達到十成十的話，就不會產生想要提昇自己的欲望。不管是想要磨練自己，想要過好生活，想要健康都可以，總之，如果想要邁向比現在更高層次的地方，請保持「六成人生」，持續告訴自己「我要的不是這樣」。

事實上「六成」並不侷限於精神上，在各方面均適用。比方說，物質方面，我也認為六成左右剛剛好。吃東西、穿衣或其他事物，也是比一半多一點兒剛剛好。

我長年待在非洲，只要有六成就滿足了。

我對於車子也很寶貝，在日本人看來簡直難以置信。尤其是在內陸地區工作時必須開車，可是新車太貴，買不下手，所以我妻子武子開的車，是三十年前在日本時就開到現在的豐田馬克II。引擎也曾拆下清理，恢復性能，車窗也曾換新。這輛車目前仍在使用。在日本不值錢的破爛中古車，到了這裡可以賣到驚人的價格。

在這種地方生活、發展事業之後，我看到什麼都覺得「好浪費、好浪費」，因此只要能夠達到六成就應該感恩。我的妻子也是從一開始就養成這種習慣，生活開銷也是「你認為的必要開支的六成或七成就夠用了」。

凡事都要分成六比四看待。不可以五五均分。就像沒有摩擦就不會產生熱，不平衡才會產生前進的動力。經濟上也是如此。供給與需求不平衡，供給少的話，價格就會上揚，需求就會縮減；供給過剩時，價格就會下降，需求就會產生。這樣子才會產生力量。

未滿所帶來的不平衡，才是能量誕生的源頭。

## 懂得鞭策自己

人生就像一部戲。

我打算演出一部永遠只有完成六成的戲。

畢竟這是自己的人生，劇本也是自己撰寫，製作人與導演也是自己，演戲的人也是自己。可謂一人分飾多角。

導演對角色的動態總是不滿意，頻頻抱怨：「這不是我想要的戲」或「你的演技太差、動作太糟糕」。另一方面，演員在舞台上也會緊張，或者想來點即興演出，或是一有觀眾鼓掌就得意忘形。

也就是說，我們做人要擁有主觀與客觀兩種觀點。

我是「先做再說」的人，但我並非經常全力以赴。我的速度大約是慢跑的程度。如果從頭到尾都是全力奔馳的話，半路上就會中暑了。

如果知道終點有金礦或石油的話，你最好盡快前往。如果有美女在終點那兒等著，你沒辦法在她變成老太婆之前抵達終點的話，可就糟了。不過，終點上有什麼，我們無從得知。

剛開始，你會得意忘形地覺得「我可以辦到」，所以跑得很快。到了某個程度時，你跑著跑著看看四周，發現什麼也沒有改變，自己沒有前進。此時，大多數人就會停下腳步或停止奔跑吧。

這時候就輪到「客觀」上場了。看著扮演跑者的自己，身為導演與製作人的自己應該要提醒：「速度太快了」、「這是慢跑，不是跑百米」。簡言之就是要鞭策自己。一聽到提醒，「噢，知道了～知道了～」身為跑者的自己就能夠調整速度。人總是以這種方式表演未完待續的戲劇。

把人生當做是一場戲的話，就不會專注在單一事物上了。

「不專注」聽來或許散漫又隨便，但我認為「聚焦」比「專注」更重要。

「專注」是一場只有演員的戲，沒有看著自己的自己——也就是導演或製作人的存在，因此你永遠看不見四周，也沒人會告訴你：「你這樣演太過頭了」、「肩膀稍微放鬆」。這就是「專注」。

各位身邊應該也有這種綁著頭帶、心無旁騖投入於工作的人吧？事情進行順利時，以這種方式「專注」還無妨；但如果情勢開始轉向詭異，專注的人往往不會想到「我換個做法吧」、「我是不是做錯了」，反而會認為如果自己更專注、更加緊努力的話，情況總會有辦法解決，於是無端浪費了力氣。

因此，一邊盯著隱約可見的目標，身為演員的自己、身為編劇的自己與身為導演的自己通力合作，這種做事方式才恰當。順利時，身為演員的自己站在前面；發生問題時，身為導演的自己開口指教；若是必須大幅轉換方向的話，就輪到身為編劇的自己登場。以這種方式，一邊「聚焦」一邊讓目標具體成形吧。

身為演員的自己與身為導演的自己。
以兩人三腳的方式讓夢想具體成形。

# 幸福就像星期天的午後

幾年前，我在飛機上看到這段美好的內容：

「Happiness is like Sunday afternoon.」（幸福就像星期天的午後）。這是以《牧羊少年奇幻之旅》（*El Alquimista*，繁體中文版由時報出版）等小說廣為人知的巴西人氣作家保羅．科爾賀（Paulo Coelho）在瑞士航空機上雜誌的訪談裡提到的一句話。

星期天可以不工作，可以做喜歡的事，悠閒度日。我們知道這樣很幸福，但也無法持久。「不想結束」的心情在星期天中午之後逐漸膨脹，直到傍晚、夜晚降臨。這句話包含「幸福總有結束的時候」的意思在其中，是相當了不起的形容。

我讀著這段訪談內容，心裡這麼想：如果能夠把「Happiness is like Monday morning.」（幸福就像星期一的早晨）這句話隨時掛在嘴邊，真是再好也不過。

不是「差不多要結束了」而是「就要開始了」。這正是星期一早晨的感覺。一提到「星期一的早晨」，是否有些人會感到憂鬱？不過，如果你待在真正屬於「自己的地方」，星期一的早晨會讓你更加期待。

各位認為「幸福」是什麼？

假如有人認為自己有「九成是快樂」、「百分之百幸福」的話，我覺得似乎在企圖粉飾太平。「九成」或「百分之百」一定只是瞬間的感受吧。

我在前面提過「六成人生」，我認為「幸福」也是「六成」就好。原本過著「六成人生」，突然超過七成的話，你會感到困惑、開始懷疑——這麼順利是不是有什麼內情？是不是不久之後將會急轉直下？——你會有這類感覺。

以我來說，我每天早上去上班時，腦子裡都會掠過最糟糕的劇本。

假如明天公司不見了該怎麼辦？假如我沒錢、發不出薪水的話，該怎麼辦？假如加工原料腐爛的話，該怎麼辦？非洲經常停水停電，所以我不知道公司何時會面臨危機。

但是，這些想法只出現短短一分鐘，我很快就放棄煩惱，轉念一想：「如果那樣就那樣吧，有什麼辦法？」然後開始一天的工作。反言之，人開始感到不安，或許就是因為一切太順利了。真的到了谷底之時，根本沒有多餘的心力胡思亂想或不安。

活在一切圓滿的星期天下午，不如活在還有發展空間的星期一早晨。明天和後天也持續有「就要開始了」的感覺。我希望各位珍惜這種幸福的感覺。

## 不失敗等於沒行動

挑戰新事物時，大約九成都會失敗。

事情的成功機率大概就是這麼一回事。

我看到現在在非洲創業的年輕人幾乎都是失敗收場；幾百人之中，如果有一個能夠成功、留名青史該有多好。從我自己一路走來的親身經驗來看，我也明白「失敗乃常態」，因此我也是以這種心態支持年輕人。

我也經歷過許多失敗，最大的失敗是一九八〇年代後期開始的進軍海外計畫。當時肯亞的生意開始步上正軌，這次我改向鄰國坦尚尼亞政府承租五萬英畝的農場。而且不只是坦尚尼亞，我也前往巴西、德國投資。到了五十幾歲時，我的目標是希望拓展事業；再加上肯亞的事業很順利，因此我變得有些得意忘形。

結果這三項投資全都失敗收場。

在坦尚尼亞開墾的土地遭到大象破壞；巴西的工廠被黑道佔據。另外，我基於信任，把工作全權託付給當地的日裔員工，他卻浮報機械與零件的採購費用中飽私囊，情況很慘。我在德國從事堅果加工，卻因為肯亞發生旱災導致原料產量供貨不穩，還遭到德國員工欺騙。

大抵上來說，進軍海外聽起來好聽，不過我只是出主意而已，當地的管理全都交由其他人負責。我本人待在肯亞卻想要經營坦尚尼亞與巴西的大型莊園，根本就是太天真。

結果，所謂「進軍」，就是利用其他土地與居民賺錢。我一開始創業的打算原本是「消除非洲的貧困」，行徑卻與殖民地時代的歐美各國一樣，實在匪夷所思。

正因為做什麼事情都有九成的可能不會順利，因此失敗乃天經地義。

聽到我這麼說，你有什麼想法？反而不害怕失敗了吧？害怕失敗是因為心裡某處想著：「成功的機率比較高」、「如果只有自己失敗的話，該怎麼辦」等等。事

挑戰新事物時，
大約九成都會失敗。
失敗乃常態。

實上，成功的機率反而微乎其微，多數人幾乎都注定失敗。既然如此，也沒有必要害怕「如果只有自己失敗……」了。

更進一步地說，沒有任何失敗，就表示你什麼也沒做。「成功的相反不是失敗，而是什麼也沒做」，就是這個意思。

只要不是失去一切的失敗，人生要失敗幾次都可以。累積失敗，才能夠逐漸釐清對自己而言最重要的「核心」是什麼。

以我來說，有了坦尚尼亞、巴西、德國的失敗經驗之後，我回到自己基本的方式，「我還是應該在非洲站穩腳步，全力以赴做對的事」。然後，我終於能夠讓「OUT OF AFRICA」這個代表肯亞的原創堅果品牌暢銷。失敗讓我看見應該前進的路。

## 對時間要有耐性

幾年前，有個ＩＴ創業家打算投資我新開發的盧安達堅果園。他二十幾歲就事業有成，現在是活躍的三十幾歲年輕企業家。我開車載著他前往堅果園的預定地，說明：「這一整片將要種植許多堅果樹，七年後就會成長茁壯，十年後就會變成龐大的事業。」

於是，他說：「佐藤先生，那個不叫做生意。」

花了七年才奠定基礎，花十年才能夠提高獲利，這種東西不能稱為做生意。——他似乎想這麼說。站在創業三年就賺了數十億日圓的ＩＴ創業家來說，我在非洲所做的事情，步調或許的確太慢了。

目前在商場上受到重視的是先進國家狩獵民族式的觀念，也可稱之為「數位式思考」，簡言之，就是事物都是以單一直線前進，不允許中途脫隊或生枝長葉；這種思考格外重視成果，所以能夠一口氣從一飛到一百；不像類比式思考「一、二、三、四……」按照每個步驟順序往前，因此更能夠節省時間與勞力。

近年來，世界各地的ＣＥＯ（執行長）任期愈來愈短，平均來說只有短短一年。究竟要怎麼做才能夠在短時間之內留下成果？如何在任期內提高股價？——他們只追求這些，感覺整個商業界失去了對於時間的耐性。這一點只要看看前往非洲發展的日商公司也能夠發現；被派往當地工作的人待不了多久、短短三、四年就要調回日本了。

無須是大企業的CEO，每個人工作時也會感到應接不暇；每天的生活都在確保眼前的龐大機械不會出錯，而不是在花時間用心打造大型成品。

現在的世界沒有閒暇可以失敗，必須不斷做出成果，否則無法生存。一、兩年沒有成果的話，就會消失。挑戰新事物也只是短期的輸贏。

各位對於這樣的每天有什麼感覺呢？

問題不在於哪一種比較好，我對於這種現狀，有種「虛華」（浮華不實）的感覺。

我本身是按部就班走到現在，以我的親身經驗來說，能夠有耐性、花時間打造的東西才有意義，這種東西才存在著不管時代如何變化也不會受到影響的「價值」。再者，生活在這種環境的人，面對挑戰泰然自若，輕鬆愉快。因此，老實說我厭倦了與非洲完全相反的日本與歐美社會。

試著有耐性的慢慢做事。

我也希望以這種標準而生活的人能夠愈來愈多。

## 【專欄4】堅果事業之外的事

### 不受機會左右

我與夏威夷豆相遇、產生「就是這個！」的想法而成立了堅果公司，不過心裡某處還是有一種「這樣還不夠」的感覺。「下一步要做什麼」我的心裡這麼想著，隨時都張開著天線尋找目標。

那次的機會到來，是在創業過了十幾年的時候，也就是一九八〇年代後期。當時肯亞在一九六三年的獨立之後已經過了二十幾年，大批有海外留學經驗、曾在美國、英國等先進國家增廣見聞的年輕人紛紛回到祖國。當時在先進國家的種族歧視問題仍然很嚴重，這些年輕人無法從事自己想做的工作。因此肯亞充滿日本文明開化後的明治時代（譯註：「文明開化」是指日本於一八六〇至一八八〇年代進行明治維新時，其中一項全面西化的政策。）那種風氣，新事業如雨後春筍般冒出來。

我的肯亞人、印度人、歐洲人上班族朋友問我：「要不要一起開連鎖超市？」「要不要開旅館？」「要不要成為我進出口事業的夥伴？」顯然整個國家的經濟規模日益擴大，許多唾手可得的機會就在我身邊，不管我抓住哪個機會，都可預見將會賺大錢。

找上門來的人絡繹不絕，老實說我很心動。

「成為億萬富翁也沒什麼不好。」

實際找我合作新事業的朋友之中，有些人也相當成功，現在掌管大型財團。可是，我無論如何都無法消除心裡那股「不對勁」的感覺。最後我還是沒有答應那些邀請。

我想做的事情不是賺錢，而是生產物品。

面對誘人的機會時，我才注意到這一點。

此後我不再搖擺不定，決定以過去腳踏實地建立的堅果公司為基礎，堅持走「生產」之路。

我首先著手採購夏威夷豆以外的堅果。腰果從坦尚尼亞與莫三比克邊境一帶、花生從馬拉威買來，經由我們公司的工廠加工。我從英國訂購炒堅果用的烘焙機，開始生產撒鹽巴、裹上八丁味噌（譯註：濃郁帶有辣味的紅味噌）的堅果，或是加工成巧克力與餅乾等新產品。

同時也經手咖啡和紅茶。

這兩者都是肯亞原本既有生產的東西，不過固有的莊園還是佔整體產量的一半，而且大部份產品都銷往海外。因此，我們向家族或當地農會經營的小型農園（小農）採購咖啡豆與紅茶茶葉，在肯亞國內流通。也就是讓「肯亞人消費肯亞人生產的產品」。

尤其是栽種在康嘉達（Kangaita）這地方的紅茶，在每年的品評會上都被認定為最高等級，因此我們也向該農園採購。而農會集結的作物都來自非常小的農園，因此無法指望他們大量生產，不過我們對於品質方面無論如何也不願妥協。

因為當時肯亞境內賣給肯亞人的商品，都只是以粗糙的紙袋或塑膠袋裝著，而且品質低劣。這樣包裝的商品很快就會變質，而且也有衛生問題。因此，我講究原料的品質，同時也採用過去只有銷售舶來品的高級商店才能看到的茶包袋，以及有排氣孔的咖啡專用包裝袋，大幅提昇了肯亞國內市場的標準。

攝於興建中的咖啡加工廠前

另外，於一九八〇年已經著手進行的釀酒事業，在這個時期也真正動了起來。我在首都奈洛比西北方的奈瓦夏湖（Lake Naivasha）湖畔種植從加州和南非買來的樹苗，建立葡萄園，從南非招攬優秀的專家。這個奈瓦夏葡萄酒參考即使砍倒、火燒也仍會像不死鳥一樣發芽的樹，取名為「萊勒施瓦（Leleshwa）」。現在仍可在肯亞的飯店或餐廳看到。

有段時期，我一邊思考「接下來要做什麼？」一邊張開天線，就能夠看見許多選項。因為有相當多的機會找上門來。

這種時候最重要的是別興奮過了頭。

別隨著機會起舞，試著看清楚自己的起點，冷靜想想自己剛開始真正想做的是什麼？自己真正擅長的是什麼？最後，如果你想到「這正好是我想做的事」、「我能夠在這件事情上發揮六成力量」的話，也可以乘上新機會的浪潮。

掌握「就是這個」的感覺，以及「這樣還不夠」的感覺。

我認為持續抱持這兩種感覺剛剛好。在忘我投入於眼前事物的同時，也要經常尋找下一個機會，接納各種可能。永遠保有無法鎖定的「玩心」，心靈將更平穩。

攝於奈瓦夏的葡萄園

第四章

# 簡單生活

# 粗糙一點，簡單一點

如果日本仰賴的是精密的機械鐘來對時，那麼非洲就是看太陽。

在日本，電車與公車理所當然會按照時刻表抵達，也沒有人開會遲到，整個社會滴滴答答移動著，沒有一分一秒失序。

另一方面，非洲的時間感覺則是建立在白天與夜晚。所有人都根據太陽而活動，悠然自得，沒有人會斤斤計較時間。時間的分割大致上分為上午的前半段與後半段，下午的前半段與後半段；早上太陽升起，天色明亮，人們開始活動，太陽下山後就回家。有工作的人工作，沒有工作的人閒晃，或是在草原上熟睡。總之，每個人都過得很簡單。

不管天色轉亮或變暗，有工作或沒工作，他們對於眼前發生的事情不會多想，全憑著直覺反應，以這種方式活著。非洲的氣氛就是這樣。

「人類也是動物。」

我忍不住這麼想。

東非草原上的大象、長頸鹿、瞪羚、獅子也只是在走路、進食、睡覺而已。獅子平常在樹蔭下打滾，肚子餓了就是追殺瞪羚等獵物進食。飽餐一頓之後，再度發著呆，開始睡午覺。這種時候，即使瞪羚從旁邊經過，獅子也不會看一眼。

當中也有獨生子被獅子吃掉的瞪羚媽媽。可是瞪羚媽媽不會想要找獅子報復。如果報復的話，自己或許也會被吃掉，說起來即使牠們害怕獅子，卻不會怨恨獅子。

這正是「One of the face of nature」（自然的其中一個樣貌），極其簡單，也不存在權謀術數、質疑、嫉妒、羨慕。肚子餓了就吃，有性慾就交配，然後保護並養育出生的孩子，這些都是動物的生存本能。真的很簡單，所以不需要特地強調「簡單」，畢竟獅子、長頸鹿也沒有想過自己的生活很簡單。

對於人類來說，「簡單」可分為兩種。

一種是位在華麗奢侈的前方、刪除了多餘的東西，也就是所謂「洗練的簡單」。另一種是依照天生的狀態存在，模樣「樸素」，這個在某種角度上來說是有些「粗糙的簡單」。

過去，日本也曾興起「樂活」、「慢活」的風潮，提倡珍惜物質，吃有機蔬菜，做瑜伽等生活風格。這種屬於「洗練的簡單」。美麗又聰明固然很好，不過這種生活風格包含了鼓吹眾人「這樣活」的意思在其中，有種強迫推銷的感覺。

看了現在的日本之後，我覺得日本人每天都過得太「晴天」了，隨時隨地都有活動或祭典，隨時都要做點特別的事情，否則所有人都會感到不安。照理說平日應該只有工作、進食、睡覺，我們才會為了偶而出現的「晴天」開心。感覺有點奇怪。按照與生俱來的樣子過活的簡單生活，明明比較快樂。

我希望自己死的時候，其他人能夠形容我是「一生活得簡單」。如果能夠腳踏實地種樹、採收果實、工作、進食、睡覺，然後迎向生命的終點，如果能夠不慌不忙安靜死去，猶如一隻老獵豹在樹蔭下悄然嚥下最後一口氣，這樣最理想。我認為這就是簡單。

各位覺得如何呢？你能夠簡單生活嗎？或許再沒有哪個社會像日本這麼難以簡單生活了。各位也可以把自己當成是草原上的獅子或斑馬，用牠們的方式度過每天，你應該會發現過去原本一直佔滿各位心靈的東西，其實沒有那麼重要。

# 別去想「應該做〇〇」

我在非洲聽過一個老故事。

某天夜裡突然傳來咚地巨大聲響，村民們紛紛跑出家門外，想知道發生什麼事，原來是地面上冒出一個大洞。到底是什麼東西掉下來了？村民看著那個洞，開始著手進行各種調查，他們卻找不到那個掉落物。煩惱到最後，村民們於是去找長老商量。

結果，長老說：

「你們在說什麼，掉下來的東西當然是洞啊。」

「啊啊，原來如此。」

村民們都接受了這個答案，回到日常工作上。

故事到此為止。

簡言之就是無須執著於真相，接受事實就好。

如果冒出一個洞，就這樣吧，有何不可？無須去思考究竟是什麼東西掉了下來，就當做掉下來的是洞又何妨？反正我認為的真相與你認為的真相不同。這個故事充滿非洲風格的大而化之。

在日本與歐美這類先進國家，感覺上都是「真相與事實只有一個」。換言之，也就是「正確答案只有一個」。可是，這種感覺往往會讓人在不知不覺間以為「自己代表正確」。

以我來說，我總是覺得「也許我才是錯的」、「也許對方才是對的」。與其說我是缺乏自信，應該說這種態度可以避免我獨善其身，才能夠繼續成長。企圖證明自己正確，並找尋對手的缺點，我認為這樣會使人停止成長。

簡言之，這個世界上沒有「絕對」。

那個人有對的時候，也有錯的時候。過去的成功無法保證未來的成功。每一次都是過去不曾經歷過的、真正的勝負時刻。

舉例來說，現在的我看似正在把肯亞成功的堅果事業，直接移植到盧安達去。有人認為這很簡單，但我的心裡某處想著：「我這次也許會失敗。」畢竟兩個國家的商業環境不同。堅果樹也許長到一半就爛掉了。樹苗也許會被強風吹倒。

這個世界上沒有絕對。
能夠這樣想，自己才會成長。

也許又會再度發生內戰。生產農家的幹勁、每年的氣候、政治局勢、市場動向等各式各樣的因素均會影響到企業的存在方式。

開始新事物的時候，不會受到上一次很順利的事實影響，兩者無關。每次都是重新開始的新挑戰。

有經驗的話，只是無須多繞遠路，較能夠節省時間。可是這並不是說經驗豐富的人就會成功，有時反而是菜鳥的發展更順利。正因為如此，每一次的挑戰都有無與倫比的樂趣。一聽我說凡事沒有「絕對」，或許有人會因此而不安，但這就是最刺激的地方。

## 人與人之間仰賴「共鳴」連結

二〇〇五年七月，我出席在塞內加爾舉行的非洲成長暨機會法（African Growth and Opportunity Act，簡稱 AGOA）會議時，曾經親眼看到這一幕。

塞內加爾的瓦德總統（H.E. Abdoulaye Wade）在會議開幕演說上，對受邀出席的美國國務卿萊絲（Condoleezza Condi Rice）說了以下這番話：

「Ms. Secretary, welcome home.」（國務卿女士，歡迎回來。）

各位應該知道，萊絲女士是非裔美國人。

「妳的祖先過去從非洲被帶到美國去當奴隸，而他的子孫今日以美國國務卿身份回來。我們很高興能夠在這裡迎接妳。」瓦德總統繼續說：

「我想告訴美國人，你們帶回自己的國家去當奴隸的人都是我們優秀的祖先。看了奧運比賽也知道吧？代表美國的選手都是他們的子孫。那些獎牌都是我們替美國人帶來的。」

在國際會議的場合上，總統能夠不以為意地說出這樣的內容，令人吃驚。非洲人的心裡一定滿是「原諒」或是「絕望」吧。

在那場會議期間，我們造訪塞內加爾首都達喀爾（Dakar）近海的戈雷島。那個島現在已經成為世界遺產；來自西非各地的身強體壯年輕人被迫集結在此地，當成船貨，準備賣去當奴隸。有些人在潮濕的石牢裡等待上船期間生病的話，就會被人從碼頭丟進海裡餵食鯊魚。只有能夠活下來的健康奴隸，才會被分配到美國的大型莊園等地方。

當時導遊告訴我們關於已故的南非總統曼德拉的逸事。曼德拉總統造訪這座島的時候，曾經在石牢裡待了超過十分鐘，坐在裡頭不出來。然後他出來時，雙眼泛紅，說：「白人絕對不會懂被當成奴隸的黑人心裡的感受。」並落下眼淚。

我再次感受到所謂的互相理解，以及國際理解教育是多麼失敗。人不是靠理解來連結，所以不曾想過要理解別人。如果雙方有共通的感受，透過這個共鳴互相溝通，我想就足夠。

我平常不會說：「我們互相了解一下吧。」

如同我前面提過，理解原本就不可能發生；當你明白無法理解／無法被理解的時候，就會產生「真搞不懂這傢伙」、「為什麼你無法體諒我呢？」等負面情緒。

重要的不是理解，而是共鳴。

因為無法理解，所以要強調「我們都是人類」這種共鳴一起做事。「好熱」、「好冷」、「月亮真美」、「有好聞的香味」這類五感產生的共鳴，是人類的共同感受，無論是日本人或肯亞人都一樣。比起結束拘束的會談之後互相擁抱道別，一邊說「今天真熱」一起拭汗，彼此的感覺會更親近。我認為這就是同為人類的共鳴。

在改編自詩人吉野秀雄隨筆《柔軟之心》（講談社於一九六六年出版）的電影《我們的戀情我們的歌》裡有這樣一個場面。登美子在櫻花花瓣翩然飛舞的中庭裡洗衣，秀雄對她說：「天氣真好。」登美子點頭說：「是啊……」於是秀雄在那瞬間墜入情網，當場向她求婚。這樣的共鳴能夠在人與人之間產生連結，不是嗎？

工作也需要共鳴。想要仰賴相互理解是無法做生意的。

兩個人賺錢平分。這筆錢，我要用來旅行享樂，你要用來買戒指給未婚妻享樂。接著兩個人也為了享樂，再度一起賺錢。做生意原本就應該建立在這種簡單的溝通上。

因此，別一開始就想著要理解對方的心，一起賺錢，確實平分；如果是工作的話，每個月都要準時付薪水。這樣就夠了。錢就是美好的溝通工具。絲毫沒有心與心互相理解存在的餘地。別試圖想要了解別人的心。

我開始有這種想法，八成是在非洲生活多年的緣故。我與他們的語言不同，思考方式與習慣也完全不同；與這樣的人們一起生活，必須透過五感產生「共鳴」。

但是現在回頭看看，在非洲創業、學會的「共鳴」溝通法，用在其他地方的工

一邊說「今天真熱」然後一起拭汗，
人與人之間才會感覺更親近。

作上也有加乘效果。美國、歐洲、日本、其他亞洲各國……，我到哪兒都能夠輕易打開對方的心扉，因此曾有人問我：「是不是有什麼訣竅？」其實沒什麼，我只是善用地球全人類都通用的「共鳴」而已。「真熱」、「真好吃」，你絕對想不到只要這樣，就能夠與其他人緊緊連結在一塊兒了。

## 記住「話是風」就不會被騙

非洲的文化是「話是風」。

人與人之間的對話，就像吹過草原的風。昨日的約定早已乘風飛向吉力馬札羅（譯註：位在坦尚尼亞東北方）方向消失了。

因此，他們不遵守工作期限，所說的話也會視場合而改變。所有員工都是這副德性，所以我一開始很頭痛，不過累積了五十年的經驗之後，我也學會了「話是風」。

這意思當然不是撒謊，在說話當下真的是那樣想，但是或許隔天就改變心意了。朝令夕改的情況也頻頻發生。如果要為了所說的話前後不一而生氣，人不會進步，想法也不會有說服力。

日本人習慣「武士無二話」。經營者更是經常因為自己說過的話作繭自縛，比方說，自己說過要讓公司營業額「達到黑字」，所以拿命去換也非得實現不可。政治家亦是如此，只要稍微說錯話，馬上就會被要求要負起責任，眾人也會開始爭執要不要辭職。我只覺得放寬心去看，「也有這種想法啊」就好。

像我平常就擺出「反正話是風，我就毫無顧忌地說吧」的態度說話，大致上反而會被聽進去。不過我的妻子更拿手，她會回我：「我幾乎都沒在聽。」我也拿她沒轍。

因為話是風，所以非洲人馬上就會撒謊，這該說是一種習慣或文化傳統吧。為什麼會變成這樣呢？原因之一是多年來被當成殖民地的社會背景；如果不撒謊就無法在備受壓抑的嚴峻世界裡存活。另一個原因是一夫多妻制的關係；為了與多位女性和平共處，少不了必須撒謊；如果幾個女性同時問起：「全世界你最愛的是我吧？」對她們每個人都必須回答：「嗯，我最愛妳了。」

也是因為這樣，看場合說話就成了當地人天生的習慣。

也不是只有非洲人會撒謊，日本人、印度人、中國人，大家都會撒謊。而且不管是日本人、肯亞人、盧安達人，人人心裡都有共通的一面。即使遇到難以敞開心胸相處的對象，只要能夠正確讀取對方的潛意識，瞬間就能夠解除心裡的阻礙。

舉例來說，在非洲與白領階級碰面時，握手之後，問：「Do you smell money from me?」(你嗅到我身上有錢的味道了嗎？)對方會笑著說：「不是錢的味道，是友情」或「味道很重」等。欸，不管回答什麼，大家的真心話都是：「我的口袋裡能夠賺進多少錢呢？」

雙方特地花時間碰面，就是想賺錢。因此第一次見面以莞爾的方式確認彼此的真心，事情也會更順利。

偶而有人問我：「你是唸心理學的嗎？」我並非一開始就懂得看穿人心。我花了半個世紀、經歷過無數商業場合，才漸漸有了這種能力。這是我被許多油嘴滑舌的謊言矇騙過之後學到的教訓。

欸，最近只要有人騙我，我都會冷靜這樣回應：

「你剛才撒謊了吧？不過我和你，所有人類都會撒謊。謊言是把髒東西變漂亮的好東西。最好別想直視現實，你會受不了。」

對方也會微笑說：「你說得對。我們交個朋友吧。」

## 別打腫臉充胖子

與某人閒聊時，對方問我：「假如佐藤先生你創業時正好中樂透，得到三億日圓（約新台幣一億元）的話，你會怎麼做？」

我的回答是「什麼也不會改變」。

但是如果我一開始就斥資重金投資事業的話，或許花費的時間就能夠減半了；打造廣大的農園、種植許多樹苗、興建大型加工廠等的規模與速度都會大不相同吧。不過，除了速度加快之外，我認為什麼也不會改變。

肯亞堅果公司不曾分給股東紅利，所有賺來的錢都投資在設備上。若問我個人有多少資產，如果我今後還想投資其他生意，我會希望：「如果自己有錢該有多好。」大概是這種程度。再說，我六十六歲創業時，資金不夠，還是內人幫忙出的錢。

以一般情況來看，如果能夠把公司發展成世界五大夏威夷豆企業之一，我應該早就是億萬富翁了，但事實上完全不是這樣。

做一份好工作，外表不一定要花俏。

這就是我的風格。因此，不管是發展堅果事業或微生物事業，我一開始真的都是以最簡單的設備做起；我沒有一開始就砸大錢，在市中心擁有亮麗辦公室，或是從銀行取得融資、興建大型工廠，而是在郊外擁有一家小公司，從這兒開始。

常言道：「人的外表決定八成。」可是不管誰怎麼說，我不在乎自己的外表。成立肯亞堅果公司時，「既然是日本人經營的公司，你們一定擁有最先進的了不起設備。」農業部長曾經因此到工廠來參觀。當時我們是在三百平方公尺大、真的只能因應最低限度需求的地方生產，機械也只有幾台，作業員只有八個人。結果部長只說：「請加油。」就匆匆離開。

公司現在一天生產六公噸肥料的工廠，也是令人驚訝「咦？這是工廠？」的程度。屋頂會漏光，鐵皮隨風翻飛。欸，雖然一方面也是因為在非洲如果工廠蓋得太漂亮，會被小偷盯上，不過主要是我認為企業經營太在乎門面，一點兒意義也沒有。

而且，我們絕不粗魯草率地對待物品。

我二十幾歲開始在肯亞生活時，曾有因為物資匱乏而困擾的經驗，現在基本上依舊沒有改變。說得極端些，我甚至覺得洗衣服很浪費；因為衣服一洗，纖維就會變細。

欸，這是半開玩笑啦。總之我不丟東西；還能用的東西全都繼續用。比方說，堅果工廠報廢的堅果外殼可以當鍋爐的燃料，或是切碎代替石礫鋪路，或是混入肥料裡使用。不管是工作也好，私生活也罷，我都抱持「好浪費、好浪費」的想法生活。這一點我的妻子也一樣，她甚至把我穿舊的襯衫全都修改成她可以穿的尺寸。

有一次，妻子喃喃說：

「和你結婚之後，我從來不曾想過我們會有錢，也沒有感到不便。我只要這樣就滿足了。」

她對於買寶石或名牌貨打扮自己，或是買一輛保時捷，或是搭乘地中海郵輪等讓個人生活變得富裕的事情，不太感興趣。也是因為我與妻子的家庭環境相似，才會養成這種習慣吧。

我出社會時，父親經營的小工廠依舊發展健全，兄弟們也全都自立門戶；我沒有需要照顧的人，也沒有遇上家人生意失敗、背負債務的窘境。妻子的娘家也是食品相關的優質企業，過著小康生活。我認為自己在這點上十分幸運；在生活不虞匱乏的狀況下，我還能夠養成對最低限度的物質「知足」的習慣。

即使外表沒有打扮得耀眼奪目，也能夠全心全意做自己想做的事，我想這才是真正的「富足」。為了保有華麗的外在，反而使得自己無法做想做的事，這種生活方式豈不是太浪費。

## 想要從事「好工作」，必須先有健康的身體

我從非洲寫給母親的一封舊信裡這麼寫到：

「十幾歲是鍛鍊身體。二十幾歲也是鍛鍊身體。三十幾歲建立社會人的具體形象。四十幾歲熱衷工作。五十幾歲把事業做大。六十幾歲開始新工作。」我雖然沒有提到七十歲之後，不過現在我會寫七、八十歲也是「鍛鍊身體」。

身體不健康的話，什麼也做不了；有健全的身體才會有健全的心靈。想要從事好工作的話，首先必須擁有健康。順便補充一點，目前我們公司的錄取標準是「身體健康」。總之，身材高大且身體健康的人很可靠。現在活躍於生產線上的日本員工，有的原本是日本競艇國家代表隊選手，有的是美式橄欖球的選手。他們都很強壯。勤勞工作、吃多睡多。這就是人類的根本。

想要完成自己想做的事，身體最重要。

身體如果不健康也無法拓展人脈。我能夠在非洲從零開始創建事業，並且做到現在，都是透過工作以外的活動，例如：英式橄欖球、高爾夫球等運動，逐步

建立人脈。

剛成立新事業卻苦於資金不足之時，在資金上提供我幫助的英國人，他是銀行分行經理，也是我的英式橄欖球隊友。我們最初碰面是在球場上。「你今天的擒抱很出色，我被撲倒了好幾次。」賽後他主動找我說話，我們因此成為朋友。

我在高中時曾打過英式橄欖球，後來也隸屬肯亞錫卡市的英式橄欖球隊。當時主導當地金融機構的全是英國人，而且多數皆是該球隊的選手。大家在週末的比賽上互相碰撞身體，賽後手裡拿著啤酒在酒吧裡聊天。這種以身體碰撞建立友情的朋友，才會在事業上看準時機出手相助。

隨著時代變遷，英國人走了，來了印度人，接著輪到肯亞人佔據金融界的主要地位，儘管如此，以健康的身體建立人脈這招還是有用。一起打壁球或慢跑；在三溫暖裡熱烈聊經濟或文化話題。即使是前往公司拜訪的商業場合，最後聊的也不是工作，而是運動或互開玩笑。可是在關鍵的融資問題上，對方還是明白我的意思，願意幫忙處理。

商場上有些人喜歡明確劃分，工作是工作，私事是私事。以結果來看，工作也是一種人際關係。一起活動身體、流汗、喝酒聊天的對象，在重要場合總是能夠成為助力。日本現在的商業環境比起過去變得很無趣，不過你只要往海外踏出一步，就會看到比昔日日本更粗俗、有欠文雅、靠活動身體建立的人際關係。

## 從化學時代進入有機時代

如同前面已經提過，二〇〇八年十二月，我離開了肯亞堅果公司。當年正值創業三十四年。除了我以外的日本人也全都離開了公司，把一切交給肯亞人。成立這家公司最初的動機，原本就是希望讓肯亞人有工作，從「幫助肯亞人」這個目標出發，既然公司名稱是「肯亞堅果公司」，老是由日本人經營也不是辦法。

離開肯亞堅果公司的我，後來成立「肯亞有機方案」公司，投入微生物事業。我向朋友租借座落在奈洛比郊外一棟蓋到一半就棄置的房子，整理成辦公室，也建立小型的生產工廠。

說起「微生物事業」，你一定不知道是什麼吧？

我在擔任肯亞堅果公司社長時接觸到微生物。我想從事堅果與咖啡的有機栽

藉由微生物溶液成長茁壯的夏威夷豆樹苗

培，於是在找尋適合的肥料，找到了以微生物為主原料的發酵促進劑。我連忙灑在田裡試試，果然有效促成了落葉、堅果殼等的發酵，轉化為優質堆肥。

「微生物」就是「細菌」。一聽到「細菌」，一般人往往會想到雜菌或病菌等不好的東西。事實上在身體裡、在地球上，比比皆是吃了也不要緊的好菌，如：優格裡的乳酸菌、麵包裡使用的酵母或納豆菌等。

接著到了二〇〇五年，我與專業技術人員共同成立肯亞有機方案公司。這項技術後來也運用在污水除臭、分解方面，觸角延伸到廁所污水處理事業。非洲的廁所現在仍以蹲坑廁所為主流，臭味也很嚴重，而且有蒼蠅聚集等衛生問題。但是，把我們開發的溶液灑在污水裡之後，只要五分鐘就能夠消除臭味，而且沒有用上任何化學物質，因此飲用也不要緊。實際示範之後，看過的人都很驚訝。

至於「有機方案」這個公司名稱，是因為我希望為土壤污染及農藥使用過度造成的健康危害、廁所惡臭等各種問題提供「有機的解決方案」。一般人或許以為「微生物事業＝肥料」，不過用途其實很廣。這項事業愈往前推動，愈叫人驚訝「細菌的能力真的難以估計」。

日前也成立了盧安達有機方案公司，也與日本企業的企業社會責任（Corporate

Social Responsibility，簡稱 CSR）事業合作，以社會事業的形式開始步上軌道。各種企劃案就像真菌繁殖一樣延伸連結，把土壤變乾淨。緊接在堅果事業之後，我在六十六歲時成立的事業，其實也是十分有價值的工作。

堅果從種植樹苗到結果為止，必須花上幾年時間。不過真菌一個晚上就能夠增生幾兆個，並且在土壤裡擴大。只要灑上這種微生物溶液，接下來就交給細菌自行在全世界旅行即可。你很少看過這麼有趣的事業吧？

「化學世界」開始不過短短兩百年。在此之前的數萬年，人類一直以生物為基礎發展農業；偶然發現了化學這種人工物之後，卻逐漸破壞生態系的平衡，邁向毀滅。現在我正在發展的微生物事業，可說是以全地球為規模的企劃。我希望能夠盡量延緩邁向毀滅的速度。

現在正好是有機的時代。日本也是，我的長女所居住的美國加州也是，次女住的歐洲也是，全世界都在脫離對於化學的過度依賴，切換成以有機為主的生活。我從事微生物事業只是偶然，不過，或許我正好搭上了「時代的潮流」。如同下一章即將提到，這個企劃必須花上四、五百年才能實現。以現在的情況繼續發展下去的話，我有預感一定可行。

與在廁所裡灑上微生物溶液的盧安達小學生們合影

第五章

# 帶著「眞材實料」走下去

# 別讓人對你說：「那又如何？」

要做一件事，隨時都要拿出真材實料。

從年輕時，我就一直有這種想法──堅持貫徹某個不受動搖的東西。任何事也撼動不了的東西。我直覺想要創造這種東西。

我的事業經常被稱為是缺乏對於行動目的的自覺或目標。但是這只是數字上。對於達成數字，我總認為：「那又如何？」比方說，一道菜五百日圓（約新台幣一五五元）的居酒屋在日本全國有四百家店舖，年營業額可達一千億日圓（約新台幣三百一十億元）。我想問：「那又如何？」即使報紙或新聞大幅報導，我仍舊覺得「那不是真材實料」。

能夠持久的東西、不受時代變遷動搖的東西，確實存在不會被一般人說：「那又如何？」的中軸。逐夢時，有沒有這根中軸十分重要。

如同前面提過，肯亞堅果公司也存在「一根中軸」。我相信現在在肯亞與盧安達發展的微生物事業，也存在不使人說：「那又如何？」的中軸。如同我已經詳細敘述過的微生物事業是計畫淨化遭化學物質污染的地球土壤。雖說真菌一個晚上能夠增生數兆個，不過要靠著細菌復原整個地球，仍必須花上四百到五百年。

地球或許終究會毀滅，不過淨化土壤也確實能夠延長人類存活的時間。既然如此，就算要花四百到五百年才能實現，我現在所做的事情仍然存在著不使人說：「那又如何？」的中軸。

請仔細想想，相較於一個人類的壽命，四百到五百年太長，但地球誕生大約是在四十六億年前，恐龍滅絕大約是六千五百萬年前，我們的祖先開始大遷徙也不過是十萬年前的事。如果地球的歷史以二十四小時來打比方的話，人類的歷史不過只有短短兩分鐘，四百到五百年時間也不過是一眨眼而已。

如何？

你是否覺得規模太大？

人生只有一次，而且不到一百年，我希望你能找到自己做得到的事。用不著凡事都必須在自己的有生之年完成，其他人覺得很好、有共鳴，自然會繼續做下去，只要將來有一天能夠完成即可。我認為規劃這樣悠長的夢想也可以。

描繪夢想時，可以像這樣暫時跳脫時間的規模去構思。試著跳脫「自己」這個框架，描繪夢想的方式就會大不相同。然後，如果你確信自己所描繪的夢想裡，存在著不會被人說：「那又如何？」的中軸，花上五百年去實現，我認為也值得。

## 盡情築夢，宛如你將永生不息；盡情生活，宛如你將命盡今夕

超過七十歲之後，說這種話或許很奇怪，不過我對於死亡仍然沒有真實感。我們畢竟是人，知道自己總有一天會死，不過偶而也會難以想像這種事情即將發生在自己身上。放輕腳步一步步靠過來的死亡太遙遠，我聽不見聲音。當然也有可能只是我重聽的關係。

即使親戚或認識的人死去，我也沒有哭，也不會趕去參加守夜。有人說我冷漠，可是我覺得人都死了我又能如何。我頂多只是覺得「明明說好要一起走，某某

試著跳脫「自己」這個框架，描繪夢想的方式就會大不相同。

人卻先走一步了」而已。

我這種對於生死的想法，或許是受到小時候經歷的戰爭影響，也或者是一直生活在非洲的影響。

前面已經提過，我目前正在發展事業的盧安達，曾經因為內戰的緣故，在一百天之內有八十萬人遭到屠殺。

前幾天，我有機會造訪位在首都基加利市郊尼亞馬達（Nyamata）小鎮的盧安達大屠殺紀念館（Kigali Genocide Memorial）。教堂裡堆放著五萬名犧牲者滿是血跡的衣物；在團體墓園裡，連綿不絕都是遺骨。另外，牆上有士兵全面射殺避難者時留下的斑斑痕跡。

八十萬人是驚人的數字。我因為紀念館裡太過殘忍的場面而說不出話來。站在當事人的立場想必真的很難受吧。可是這種事情每天都在世界各地上演。我現在種植堅果的湖泊對岸（剛果）也是紛爭不斷的地區，一九九八年以來，已經死了超過五百萬人。即使此刻看來清澈的湖泊，在幾年前也曾經飄著無數試圖游泳逃亡者的遺體。

這種人類的「惡」從有史以來就存在，今後也將不斷反覆發生。但萬事萬物都是「It happens.」、「It's meant to happen.」，亦即事出必有因。我相信置身於不合理的死亡就近在咫尺的世界裡，想法就會變成這樣。

在這樣的世界裡，我能做的就是默默繼續眼前的工作而已。

不管是明天就死，或者接下來還會再活五十年，什麼也不會改變。現在正在追求的夢想必須花上四百到五百年才會實現，因此我一個人慌張也沒有意義。

各位一定也不曾深思過「死亡」吧。出生在沒有戰爭的時代與國家，健康無病痛、距離「死亡」很遙遠，真的很幸運。

英文說：「Today is a good day to die.」直譯就是「今天是適合死亡的日子」，意思是說「就算今天是人生的最後一天，也要去做想做的事」。只要有了想做的念頭，想做什麼就去做。我希望各位生活在這種富裕的時代與國家，能夠為了數也數不完的「最後一天」全力活著。

對了，如果你得到不老不死的藥，你會怎麼做？

我一定會吃下去。因為我想看到四百到五百年後的地球。我不喜歡自己獨活，所以會挑選大約一千位夥伴和我一起服藥。當中如果有女性的話，總有一天，我會對她說：「妳才三百歲，比我年輕一百歲呢。」

可惜不老不死不可能發生，所以我想吃那種藥永遠活下去。英年早逝的美國電影演員詹姆斯・狄恩（James Byron Dean）曾經說過：「Dream as if you'll live forever. Live as if you'll die today.」（盡情築夢，宛如你將永生不息；盡情生活，宛如你將命盡今夕）我很喜歡這段話。

活在當下。不被過去與未來束縛，只要活在當下就好。思考也是，最多想到明年就夠了。如果想到更遠的未來，你會裹足不前，動彈不得。

## 以「一・五流」的感覺活著

我一直以來無論做什麼事，都以「一・五流」的感覺去做。

學校成績也是，競艇或打英式橄欖球也是，演戲也是。我從小就是問題兒童；在此之前的工作表現想妄稱一流也太狂妄可笑。我隱約明白自己「並非一流」，所以我決定要當「一流與二流的中間值」。

這陣子，我有機會與某日本大企業的高層會面。在飯店餐廳的餐會結束後，對方搭乘司機開著的黑頭車快速離開，我卻是四處張望：「地下鐵車站在哪邊呢？」獨自走路回家。剛才還同坐一桌，有說有笑吃飯聊天，卻有這種差別。可是我不覺得羨慕。

多數人印象中的「一流工作」是擔任政府官員的部長、副部長或大企業的社長。如果做不到這種程度，至少也要是部份上市企業的董事或總經理，才算得上「一流」吧？

但是「一流」很辛苦。必須經常保持在「頂尖」、「巔峰」狀態很累人。況且已經站上了頂點，接下來就只有往下墜了。

因此，「一．五流」比較輕鬆。

「一．五流」的好處是人在六合目（譯註：「合目」是攀登富士山時的階段單位。從山腳到山頂一共分為十個階段，稱為「十合目」，每一合目均有可供休息的地方），隨時可以前往七合目或八合目。在這個位置上能夠敦促自我成長。留著永遠沒有完成的部份也是一種樂趣。

比起想探究的內容，挑戰能否持續探究比較有趣。

一部電影無法光靠主角成就，必然要有不起眼的配角。縱使無法成為一流的主角，不過我想成為永遠在螢幕上發光的好配角。觀眾會注意到這樣的配角其實比主角更重要。如果能夠擔任這種角色，我就心滿意足了。

## 自己心中要擁有「隨時可以回去的場所」

一回到日本，我會特地找朋友們出來聚聚。喝酒聊天之際，就會聊到某次高中校外教學時，有人偷摸日式旅館女性服務人員屁股的往事。這種時候，我總是這麼說：

「別再說以前的事了。來聊聊未來吧。」

上了年紀之後，大家總是會不自覺懷念起年輕時。可是我對於懷念或回憶等等一點也不感興趣。我覺得「現在才是一切」。各位一定也是因為覺得「錯過」了什麼，才會回顧過往吧。

我看到自己小時候在母親腿上扮鬼臉的照片，瞬間回到了少年時代。我相信照片上的臉任誰看了都會說：「你和現在沒兩樣。」我明明長了很多皺紋、頭髮花白，皮膚也被非洲的太陽曬得黝黑，與出生當時母親形容的「白皙似雪」相反。

法國作家馬塞爾．普魯斯特（Marcel Proust，一八七一至一九二二年，法國意識流作家）的知名作品《追憶似水年華》（譯註：繁體中文版由聯經於二〇一五年出版）裡有一幕是主角把沾了紅茶的瑪德蓮蛋糕放入口中，瞬間鮮明回想起少年時代在某個城市度過夏天的記憶。

我們沒有失去時間。不管是成功或失敗，或是其他小事，全都在心中逐漸累積，就像地層一樣。然後，當你隨時想要取用時，均可隨意從自己的心中取出來。

儘管所說的話會像風一樣消失，時間卻不會。所見、所聞、所吃、所感，透過五感更加豐富。我認為這也是「富足」的其中一個意義。

# 別一個人做完「起」、「承」、「轉」、「合」

每個人的人生都有起承轉合。

事關工作的話，最好別想要一個人做完所有起承轉合。有些人擅長開始新事物的「起」，有些人擅長冷靜沉著繼承的「承」，有些人能夠因應變化的「轉」，也有人懂得收尾的「合」。大企業裡有創業者，也有完成中興大業的前人；最後如果倒閉的話，還有負責處理善後的人。一個人無法獨自「起」、「承」、「轉」、「合」。

我是「起」的人。我在三十幾歲成立公司時注意到這一點。

你適合「起」、「承」、「轉」、「合」之中的哪一個呢？

想要釐清這點並不容易。你也可以一開始同時先做三、四件不同的事，最後找出自己適合的角色。別忘了容許自己可以「差不多」、「散漫」。

在旁人眼裡，我這個人看起來似乎一團亂，像隻無頭蒼蠅；但是只要我最後能夠找到一根不動搖的中軸，就沒關係。年輕時的「中軸」或許很模糊，可是隨著年齡增長，經驗累積，「中軸」會逐漸具體成形，就像原本四散的光線通過稜鏡合成一束。如此一來，不管是個人的生活方式或是工作方式都會水到渠成。

我問帶著創業計畫來找我的人：「你認為這個可以賺錢嗎？」得到的回答多半是：「不做不會知道。」這樣很好，這種不拘小節的地方正是年輕人的本錢。靈魂受到感動的感覺比什麼都重要。

今天，在日本企業就職，公司會自動將你分配到製造部門、業務部門、公關部門等，你不曉得能否適任的職位，並要求你做出成果。我相信這種做法應該姑且考慮過適性了。適合的人會猶如找到天職，能夠精力充沛地工作；不適合的人則無法發揮難得的才能。這種時候，別站在原地，你必須開始找出自己能夠發揮的路。

我想告訴各位的是「成為孤獨一匹狼」。

也希望你徹底了解自己，了解自己能夠做到、不能做到的事，自己能夠發光、不能發光的地方，想做、不想做的事，做了會快樂嗎？不會快樂嗎？我希望你多方嘗試，從中了解自己，百分之百發揮自己的能力。

現在生存在這個世界上的方式，有許多單點選項可供選擇。看了別人給你的這種不拘小節的地方正是年輕人的本錢。
我希望你擁抱靈魂受到感動的感覺。

選單之後，別說「我要這個」就這樣選定，先問問：「這是什麼鬼東西？」把選單撕破吧。生存方式的選單要自己創造。十年也不過是一眨眼。即使你覺得「我還年輕」，很快就會變成像我這樣的七十幾歲老人了。

## 活著創造故事

二〇一三年，家母以九十六歲的高齡過世。

在她無病無痛離世的前幾天，母親以口述方式將自己對四個小孩、八個孫子每個人要說的遺言，託付給家妹惠子，然後在七七四十九天的法會上，家妹對所有親戚讀出那些內容。遺言中有「你這個優點不錯」、「你的個性優柔寡斷，無法做決定」等不慍不火的內容，也有相當辛辣的內容。當中甚至有人哭出來。在場所有人都很感動。

聽著母親的遺言，看著她的遺照；照片裡的母親和以前一樣微笑著。聽到她那些精準又踏實的遺言，所有人都覺得佩服，心裡全都湧上一股力量，說：「我們是繼承她血統的人」、「不能輸」、「好，大家一起活到九十六歲」云云。在那之後，眾人一邊說：「很難相信她已經過世了」一邊喝酒喧鬧。

小時候，父母親最常要求我「要忍耐」，並說：「只要腳踏實地一步一步來，一定會得到回報」。這或許是所謂的東北人個性。可是他們卻沒有告訴我最重要的是我會得到什麼回報。

他們不斷告訴我別太醒目，別高調行事，悶著頭努力過日子，家人或自己的生活井然有序，這樣不就夠了嗎？除此之外還要什麼？別理會世人的評價、別人的批判。別好為人師，端正為人。我的父母、我哥芳太郎、我妹、我弟芳博，也都是過著這樣的人生。

在遺言裡，母親說我是「活著編織故事的男人」。她還說——當你敷衍我或對我撒謊，我全都知道。你只要做你自己，配合每個時候改變故事，繼續活下去就好。然後，現在，我很高興你逐漸靠近自己應該前往的地方了。

母親很了解我想要做什麼、想去哪裡。一定是因為打從我還在東北小鎮四處奔跑時，我的做人原則就不曾改變。無關非洲或日本。現在，我做我認為必須做的事——看得到未來的工作、不是今天或明天就能完成的工作——我只是腳踏實地進行著。

遺言以「你做得很好」這句話總結。聽到這句話，我放心了。母親確實看到我按照她從小教導的方式正正當當生活。我發現「回報」，就是父母親認同自己的生存方式。

## 【專欄6】繼肯亞之後，下一個舞台是盧安達

### 整個城市瀰漫著「就要開始了」的氣氛

結束迦納留學之後，我前往肯亞就業，在肯亞工作已經四十二個年頭。下一個舞台我選擇了盧安達。

在日本提起盧安達的事業時，每個人總會擔心：「那兒不會有危險嗎？」、「內戰已經不要緊了嗎？」不過，正如我前面寫過，內戰與大屠殺都已經是二十年前的事了。現在盧安達首都基加利陸續有知名外商企業進駐，中國、印度、其他歐美人也大舉前來發展事業。因為內戰而流亡海外的民眾也回來了。不動產業、觀光產業、IT產業等蓬勃發展。

基加利的氣氛正好類似我在肯亞創業當時的奈洛比。雖說是首都，卻還沒有太多高樓大廈，民眾也很貧窮，生活十分樸實，整個城市瀰漫著「就要開始了」的

氣氛。那兒有許多小孩子；大人們也紛紛想要抓住機會。

二〇一二年，經歷過肯亞堅果公司歷練的肯亞人，與三名想在非洲發展社會福利事業的日本年輕人加入我的行列，在卡布加（Kabuga）這個小鎮建立小小的工廠。如照片中所示（一九一頁），與肯亞堅果公司相比，這兒的機械數量更少，作業員人數也寥寥無幾。儘管如此，我們每個月還是能夠加工十萬公噸的堅果。

前一陣子，盧安達政府的農業部長曾經來參觀我們的設施。

當時我這麼說：

「這是人人明天就可以開始的事業，不需要鉅額投資，也不需要依賴外國企業，光靠眾人現在擁有的東西就足以創業了。」

現在，外國企業同樣看準了機會，準備投資盧安達。可是，接受投資，建立現代化工廠與辦公室，大動作開始事業，到頭來終究還是外國人的東西。如果發生什麼狀況，外國資金一口氣撤離的話，盧安達人就會失業，國家就會繼續貧困。

既然如此，別仰賴國外資金，靠自己的力量比較好。

以非洲的方式做事，腳踏實地持續下去的話，國家也會變得富有。

我帶他參觀剛成立的堅果小工廠，對他說明上述這番話。他恐怕在此之前都

還沒有太多高樓大廈的盧安達基加利街景

只參觀過國外投資的氣派工廠吧。部長甚是感動地回答：「這才是我們追求的做法。你能不能和我們一起展望十年、二十年，不對，應該是更久之後的未來，幫幫我們呢？」

盧安達相較於肯亞，是個更小的國家；國土只有肯亞的二十二分之一，人口只有一千一百萬人，也就是大約四分之一。盧安達目前主要的產業是礦業和農業，年貿易額是進口約佔十七億美元，出口卻只有不到五億美元（二〇一二年）。站在政府的立場，當然也希望能夠增加更多自己國家的產業，提振經濟活力。

四十幾年持續在非洲經商，我認為自己十分了解「扎根」的重要性。如果缺乏人才也缺乏資金的話，別打腫臉充胖子，只要從眼前能做的小事業起步即可。時代會逐漸改變。肯亞也是，隨著國家變得富裕，擁有碩士、博士頭銜的人、在國外大學取得MBA（企管碩士）的人、習得其他專業知識的人，也會前來應徵。

最近，盧安達堅果公司成立了以盧安達風景為主題的原創品牌「Hills」（山丘）。除了一般的鹽味堅果之外，也開發出裹上焦糖的堅果棒，由公司直接零售販售。這項產品很快就被代表盧安達的盧安達航空相中，成為機上點心。進入二〇一

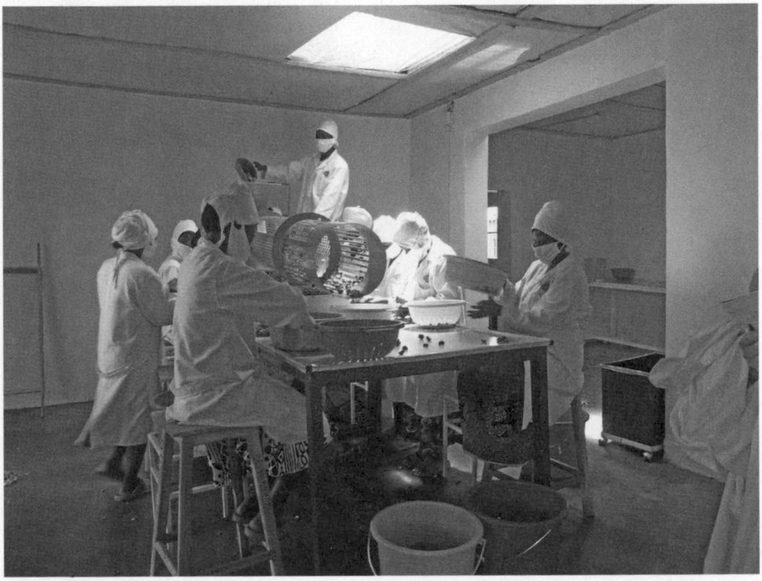

剛起步的盧安達堅果公司

四年之後，盧安達航空還投資了示範工廠的設備，今後的產量將會逐步提昇。

在工廠與農園工作的年輕員工都很有野心。烘焙堅果需要訓練培養直覺才能夠出師。他們每天微調火力大小、加熱時間、乾燥程度等且樂此不疲。產品開發的負責人甚至徹夜開發新產品。

盧安達這個國家的可能性是個未知數。

如同我前面已經寫過，這裡雖然仍多少有著內戰後的悲傷氣氛，我卻仍然能夠感覺這片土地的驚人潛力。每次搭飛機降落在盧安達的國土上，我的心情總是雀躍。我過去之所以換過不少地方工作，或許就是受到「就要開始了」的氣氛吸引。

# 終章

# 最後是要不要做？

# 盡情與眾不同吧

與眾不同的人，難以在現在的日本社會裡生存。

稍微超出框架都會活不下去。常有人在問：「為什麼年輕人在公司待三年就會辭掉工作？」事實上就是因為這個社會變得讓年輕人難以生存。我認為比起我年輕時也是如此。

不久之前，我才聽說曾在盧安達擔任實習生的女生，進入大型企業工作四年後辭職，原因是公司追求的目標與自己追求的東西差異太大。對於語言能力出色且相當優秀的她來說，充滿傳統規矩的日本企業或許讓她感到綁手綁腳。

照理說必須保護社會大眾這種情況，應該沒有那麼普遍才是。我們只要具備英文所說的「Common Sense」，也就是最低限度的常識就足夠，例如：「不殺人」、「不偷盜」、「不破壞他人物品」等。這些事情無須思考，民眾也知道該遵守。

然而，日本社會對於這種共識規範得太仔細。社會成熟，制度發達之後，細節也愈來愈多，可以通融的範圍變得相當窄小。我想，日本人感受到的束縛，就是從這兒來的。

我這麼比喻或許太過簡化——假設只殺一隻鹿來吃，幾乎不需要規範，只要知道「大家要平分」、「不可以搶別人那一份」即可。可是如果一次殺掉的是一百隻鹿，吃掉一部份之後，剩下的要儲存預防飢荒與天災。情況若是這樣時，將會如何呢？規範一定會變得很複雜。

不僅日本如此，看過其他先進國家之後，我覺得大家都過度放大「飢荒與天災的儲糧」的意義了。有句話形容這種情況是「Worry is the misuse of imagination.」（擔心是想像力的誤用。）「明年會不會發生飢荒？」「發生飢荒會死很多人吧？」這種擔心完全來自於想像。

尤其是今日的日本，這種「想像力的誤用」所產生的規則，束縛了每個人。

所以，與眾不同的人無須猶豫不決，心一橫就跳出去吧！去外面接觸新事物的門檻較低。你可以回到出生長大的故鄉創業，也可以出國發展。我世界各地做生意所親身感受到的是，我能夠實現夢想，門檻卻沒有在日本時那麼高。舉例來說，在日本創業，銀行不借錢給你，公司成立的手續也很繁複，而且辦公室租金很貴，開銷也很高。以我自己的經驗來說，再沒有哪個地方比東京更難創業了。

不被「想像力的誤用」迷惑。
不管到哪兒都堅持用自己的方式做事。

或許有些人在國外創業「語言和習慣都不同，會很辛苦吧。」別在意那些。不管到哪兒，都堅持以自己的方式做事即可。假如你做的事情有「真材實料」，那些「語言與習慣的不同」不會影響你吸引人才上門加入你的事業。

前不久，肯亞與盧安達的工作夥伴之中，有人對我說：「我們要永遠一起打拚。」如果是平常的話，非洲人的真心話都是：「外國人把事業基礎打好之後，就快點滾開吧！」可是他們卻對我說：「永遠一起打拚。」我覺得我過去在非洲所做的努力，獲得非洲人認同是「真材實料」的證據。

## 「全球化」的目標勉強不來

如同前面已經提過，我在非洲創業已經四十年，不過我到目前還是認為自己是異鄉人。我不懂的事情還有很多。

比方說，前幾天發生這樣的事。

盧安達公司保險箱的錢不見了，推測恐怕是內賊所為，因此集合全體員工與保全。此時廠長居然帶來一位來自剛果的巫師。

巫師拿來一只可樂瓶，讓每個人喝下一口之後，說：

「這是特殊可樂。假如小偷就在你們這些人當中，五分鐘之內不承認的話，就會死掉。」

於是，其中一名喝下可樂的人冷汗直流，自己招供說：「是我偷的。」我也考慮過要把他交給警察處理，不過估計他應該不會再犯了之後，就原諒了他。等到巫師宣佈：「你不會死了。」他才鬆一口氣，說：「謝謝。」然後帶著會計人員去藏錢的地方。

其他還有妻子要求：「我老公好像外遇了，請你讓他招供。」於是巫師讓丈夫喝下類似藥水的東西，男人就對妻子坦白了一切。諸如此類的情況在現在的非洲仍然很尋常。

前面也提過我就是個異鄉人，不只是在非洲，我去日本以外的任何國家，都把自己當做是「外國人」，不只是「日本人」。如果站在「我是日本人」的角度，當地人在我眼裡就成了「外國人」，但其實我才是對方眼裡的「外國人」。

另外，我發現一旦開始思考自己是不是日本人、對方如何看待我種種問題時，我與當地人之間就會產生隔閡。因此我總是把自己當異鄉人，同時也保持「我是佐藤芳之這個人」的想法。

近幾年來，日本熱衷於討論「成為全球化人才」、「出國發展」等。可是我不認同這點。我認為想要留在國內發展的人，待在國內就好。

真正在海外活躍的人佔全國國民的三％到五％就足夠。剩下的人可以「留在國內發展」，往來國內各地。美國真正的「全球化人才」也頂多只有這種程度而已。去到美國鄉下，就會有許多人問你：「你是日本人？中國人？那個國家到底在哪裡？」

簡言之，想出國的人就儘管去，不想去的儘管留著，就是這麼簡單。有好奇心的話，無論美國、歐洲、非洲、亞洲，喜歡哪兒就去哪兒。實際去看過之後，試著與當地人來往，在真正覺得舒服自在的地方如魚得水般活躍，這就是最好的情況。

這樣子經過一百、兩百年之後，自然就會發展成國際化。這種事情不是大聲鼓吹「全球化、全球化」並且一股腦兒地去做就會實現。

# 把想做的事情掛在嘴邊

寫了這麼多，人生終歸一句話——「做？」或是「不做？」而已。

以我來說，如果我真的說「要做」，就真的會去做。

反之，如果你真正想做一件事，第一步就是要說出口。我後來才注意到這一點，從此以後便積極地將「想做」的事情掛在嘴上。

比方說，前幾天我造訪盧安達湖畔的新農園時，突然想到「採收的堅果也可以不走陸路，改走水路，利用湖泊搬運。」非洲的車子很貴，馬路也沒有鋪柏油，走陸路運輸相當辛苦。

一旦決定要做，我就會告訴身邊其他人。

我把點子說出口，告訴當地的工作夥伴及員工。剛開始他們遲遲反應不過來，在我不厭其煩地說了好幾次之後，他們才逐漸了解。我認為這個目標也許會花上幾年時間，不過未來一定會實現。

各位是否也有一直想要去做、卻無法實現的目標呢？你或許是有夢想卻忙到沒時間做準備；或許是為了賺取生活費，認為非得保住現在的工作不可，總之理由千奇百種。或許遲遲沒有付諸行動的人，比你想像中更多。

這種時候，別猶豫，說出你的目標，接下來就只剩下實現這一條路了。因為光說不練很丟臉。

回想起來，我最早踏上非洲土地時，也是如此。

高中班會上，老師要大家說說十年後的自己會在哪裡、做什麼，同學們紛紛踴躍發言。

輪到我的時候。

「十年後，我會在非洲。」

等我回過神來，已經說出口了。

所謂人的價值，就在於自己說出口的話，能否約束自己的行動。因為「話是風」，說完就消失了，真的能夠變成眼睛看得見、手摸得到的東西嗎？我認為這當中存在著身為人的高風亮節與誠實。

在本書的開頭，我提過自己到了七十五歲（二〇一四年時），仍在致力於種植高度約到我膝蓋的樹苗。種植一株樹苗，必須挖出八十公分見方、深達一公尺的洞，把土壤與堆肥混合之後再填回洞裡，其實相當吃力；而且五十株樹苗裡大約會有一株長到一半根部就會爛掉枯死；還必須擔心樹苗生病。

我在六十六歲重新出發時，還是一樣腳踏實地進行；在郊外租了小房子，成立辦公室，讓年輕人在背包裡背著二十支微生物溶液，每支一美元，派他們前往肯亞、盧安達各地的機構。盧安達這個國家雖小，卻有野生黑猩猩棲息的森林區，也有標高四千公尺的山區；有許多丘陵，也有許多沒鋪柏油的道路，徒步行走相當辛苦。儘管如此，我們現在已經成長到在肯亞與盧安達兩國共有超過一千名以上的客戶。

我想這次也一樣。

寫書稿的現在，盧安達正值雨季。今天傍晚下了不少雨，樹苗應該能夠順利長大。灑在土壤裡的生物也勤勞活動著。儘管路途遙遠，我仍然每天腳踏實地往前邁進。在無邊無盡的廣闊天空底下，眺望田地，更能深深感受到這種踏實。

妻子看到這副景象，笑著說：「老公，你又從零開始做著同樣的事。」是的，我總是從零開始。這就是我的風格。

把想做的事情到處對人說。
如此一來，你非行動不可。

與盧安達湖畔剛種好的夏威夷豆樹苗合影

# 後記　盡情活在你的時代

二〇一三年，我與長女在加州普利森頓（Pleasanton）一起蓋了房子。

普利森頓是美國著名報業大王威廉・赫茲（William Randolph Hearst）的別墅所在地；赫茲家族為了招待客人而建設、開往舊金山的鐵路，以及車站的木棧板仍在。長女芳子在普利森頓的一角，設計了一間住起來似乎相當舒適的房子，提供我與妻子，以及長女一家一同居住。目前已經計畫好暑假時住在比利時的次女一家也會過來，我將與孫子、孫女們同住。

房子裡還沒有任何家具。踏入空蕩蕩房子的玄關時，我心想：

「我走了好遠呢。」

仔細想想，已經七十五年。那個在日本東北鄉下穿著哥哥的舊衣、流著鼻水拉著二輪拖車的少年，曾經遠渡非洲，現在在美國蓋房子。在美國有了自己的城堡讓我覺得感慨，或許是因為我出生於戰爭期間。美軍轟炸、駐軍入侵東京等事情歷歷在目，因此或許我心中某處覺得：「我來到了敵人美國的領土上。」

可是，跳脫這種世代獨有的感覺之後，我深深覺得：

「人從零開始的話，真的能夠成就很多事情。」

的確，人生沒有無限可能，可是只要踏出第一步，或許就能夠走得好遠，遠到你難以想像。我透過這本書想要告訴各位的，或許就是這件事。

總之，我希望各位盡情活在你所在的時代。

為此，你必須有「這是我們的時代」的共識。一個社會當然是由不同世代、不同立場的人所組成；因此，不同世代都會自我設限，「誤以為」少了某個東西就無法存活。在某個世代以上的人，必須認為「過去比較好」，否則他們無法活著。相反地，年輕一輩、今後將活躍的人，必須認為「現在比較好」，否則無法活下去。年輕人不可以有「過去比較好」這種故步自封的想法。

現在這個時代的「好」、「壞」已經沒有太大意義。

舉例來說，一般人認為戰爭期間是苦難的時代、黑暗時代，事實上也有人在那個時代裡事業有成、累積財富、談了場美好的戀愛，那段歲月在他的記憶裡屬於「美好的時代」。無論在多麼艱難的時代，總會有人懂得盡情享受人生。

日本歌手松任谷由實女士的《飛機雲》這首歌裡，有句歌詞提到：「憧憬天空，奔向天空。」在非洲生活超過半世紀的我，也有同樣感受。在非洲各國紛紛獨立而沸沸湯湯的一九六〇年代，二十幾歲的我憧憬著非洲，說：「我想在那片遼闊的天空底下生活。」於是獨自遠渡非洲。接下來的五十年——我現在仍站立在這片非洲大地上。

「往後還有很長的人生」的各位將要奔向哪個時代、什麼樣的天空？眾人畫出來的飛機航跡雲多不勝數。我希望你懷抱著不滅的熱情出發旅行、奔向那片天空之後，也會驚訝發現：「啊啊，我居然來到了這麼遠的地方。」

二〇一四年九月

於盧安達基加利

佐藤芳之

人生顧問 0261

# 大步向前：改變25萬非洲人命運的日本爺爺寫給你的一封信

作者—佐藤芳之
譯者—黃薇嬪
主編—李筱婷
美術設計—weichungtung
執行企劃—李昀修
總編輯—趙政岷
內頁排版—宸遠彩藝
董事長 總經理—趙政岷
出版者—時報文化出版企業股份有限公司
10803台北市和平西路三段二四〇號三樓
發行專線—（〇二）二三〇六六八四二
讀者服務專線—〇八〇〇二三一七〇五
（〇二）二三〇四七一〇三
讀者服務傳真—（〇二）二三〇四六八五八
郵撥—一九三四四七二四時報文化出版公司
信箱—臺北郵政七九～九九信箱
時報悅讀網—http://www.readingtimes.com.tw
電子郵箱—books@readingtimes.com.tw
法律顧問—理律法律事務所　陳長文律師、李念祖律師
印刷—盈昌印刷有限公司
初版一刷—二〇一七年三月三十一日
定價—新台幣三〇〇元
（缺頁或破損的書，請寄回更換）

時報文化出版公司成立於一九七五年，
並於一九九九年股票上櫃公開發行，於二〇〇八年脫離中時集團非屬旺中，
以「尊重智慧與創意的文化事業」為信念。

國家圖書館出版品預行編目資料

大步向前：改變25萬非洲人命運的日本爺爺寫給你的一封信 / 佐藤芳之作；黃薇嬪譯. -- 初版. -- 臺北市：時報文化, 2017.03
面；　公分. -- (人生顧問；261)
譯自：歩き続ければ、大丈夫

ISBN 978-957-13-6951-8(平裝)

1.創業　2.職場成功法

494.1　　　106003579



ISBN 978-957-13-6951-8
Printed in Taiwan